ヤミツキ 細胞生物学

東京理科大学教授
武村政春 著

じほう

はじめに

　読者の皆さんの中には，現在あたり前だと思っているもの，あるいはあたり前だと思っていることに，初めて出合ったときのことを印象深く覚えている方はたくさんおられると思います。それはおそらく，ある体験であったり，知識であったり，そして何かの名前であったりすることでしょう。

　私にとって，「細胞（さいぼう）」という言葉は特別なものです。子どもの頃にふと目にした図鑑（だったと記憶していますが，今ではそれもあやふやです）の中に，それは姿を現していました。まるで寒天のようなそれは，図鑑のあるページの半分くらいを費やし，何か特別な存在感を発しているように思えました。寒天といっても，ただの透明なぷよぷよではありません。おいしいデザートとしての寒天の中には，みかんやサクランボ，パイナップルなどの果物がいっぱい詰まっています。それと同じように，図鑑の中のその"寒天"にも，美味しそうなものがたくさん詰まっていました。そうした美味しいものが，「細胞核」や「ミトコンドリア」といった小難しい名前をもっていることを知ったのは，ずっと後になってからです。当時の私には，寒天デザートのようなそれが，私たちのこの体を作っている小さく無数にあるもので，「さいぼう」と呼ばれていることを知ったとき，なんて気色の悪いものが僕たちの体の中に入っているのだろうと，あたかも体内に芋虫が入り込んできたかのように，体を震わせることしかできませんでした。

　そのときの衝撃から40年ほど経ちました。今，生物学を研究し，学生に教える立場となった私にとって，「さいぼう」という言葉は毎日のように口にし，目にし，耳にする言葉になっています。その語感は，今でも

あのときの記憶を呼び覚ますのに十分なほど，私の中では特別なまま，でんと居座っています。

　21世紀は生命科学の時代であると言われているように，最近の生命科学の進歩は目覚ましいものがあります。生命の科学，すなわち私たち生物が営む様々な生命現象を解明し，私たちの生活や健康に活かそうというこの科学。じつはこの「さいぼう」に大きく依存しています。なぜなら，私たちはひとえに「さいぼう」たちの集まりだからです。目に見えないけれども私たち生物にとって欠かすことのできない存在。目に見えないけれども，1個の生物として十分に生きていくことができるほど複雑な存在。あまりにもミステリアスで，あまりにも魅力的な存在。おそらく，それ以外にどうとも表現できないほど，生物にとって唯一無二の存在。

　本書は，その「さいぼう」を，あらゆる観点から見つめなおしたもの，というといささか大袈裟ですが，基礎的な知識から応用的な知識まで，またその「さいぼう」の周辺に存在するもろもろまで，かなり広く扱っています。私のように"トラウマ"を残したりはしないでしょうが，読者の皆さんの頭の中に，見方によってはそうとも取れるような，何か新しいものを残していくことを期待しています。

　謎に満ちた「さいぼう」の世界を，どうぞお楽しみください。

武村 政春

セルくん

DNAくん

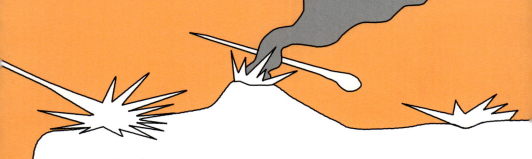

Introduction

生物の起源

生物が誕生したのは約38億年前。最初はすべて単細胞生物で，はっきりした核をもたない原核生物でした。これらの生物は海の中で進化していきます。というのも当時，陸上での生活は紫外線が大きな障害となっていたからです。この問題を解決したのがオゾン層です。シアノバクテリアなどの活発な光合成により大気中の酸素量が増え，有害な紫外線はオゾン層が吸収してくれるようになりました。

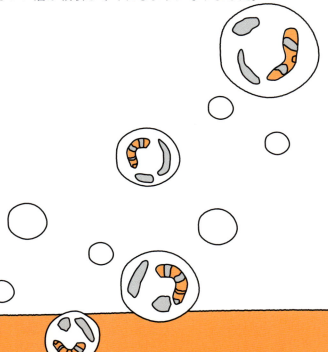

陸が安全になると，生物は次々と
上陸を始めます。植物に続いて無
脊椎動物が，さらに4億年前頃より脊椎動物が上陸し，恐竜が繁栄しました
が忽然と姿を消してしまいます。
恐竜時代の後，生き残った哺乳類や鳥類，爬虫類などが栄えます。人類の祖
先である霊長類が出現したのは，今から約6500万年前といわれています。

このようにして，海の中で誕生した小さな単細胞は，数十億年という気が遠くなるような年月で進化し，寄り集まって今日の多様な生物ができ上がったのです。

私たちの体でいうと，構成する細胞は，1個1個が生物の基本単位であり，それらが私たちの体を作り上げ，ヒトという生物を作り上げています。

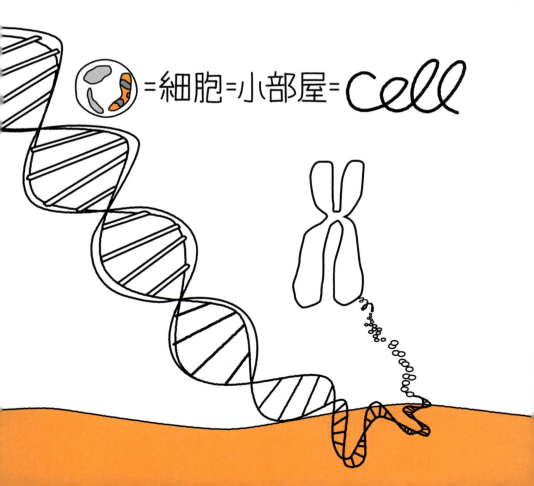

=細胞=小部屋=cell

細胞生物学は，生命の現象を細胞レベルで，はたらきや成り立ちを解明する学問です。言い方を変えれば，個々の細胞を生物としてとらえて考えたほうがわかりやすいかもしれません。

さあ！

これから，わたしたちと一緒に
細胞たちの振舞いに
目を凝らしていくことにしましょう。

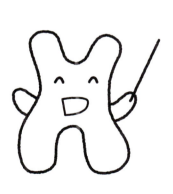

目次 -Contents-

はじめに ・・・・・・・・・・・・・・・・・・・・・・・・ 2

Introduction ・・・・・・・・・・・・・・・・・・・・ 4

第1章 生物の成り立ちと細胞生物学 ・・・ 11

1-1 生物とは何か ・・・・・・・・・・・・・・・・・ 12

1-2 細胞とは何か ・・・・・・・・・・・・・・・・・ 14

1-3 原核生物と真核生物 ・・・・・・・・・・・ 17

1-4 細胞生物学の歴史 ・・・・・・・・・・・・・ 20

1-5 医学・医療と細胞生物学 ・・・・・・・・ 25

第2章 細胞の構造 ・・・・・・・・・・・・・・・ 27

2-1 原核細胞と真核細胞 ・・・・・・・・・・・ 28

2-2 単細胞生物と多細胞生物の構造 ・・・ 32

2-3 細胞膜 ・・・・・・・・・・・・・・・・・・・・・ 36

2-4 細胞核 ・・・・・・・・・・・・・・・・・・・・・ 40

2-5 細胞小器官たち ・・・・・・・・・・・・・・ 45

2-6 植物細胞に特有の細胞小器官 ・・・・・ 53

Column「健康と細胞生物学」・・・・・・・・・・ 55

8　ヤミツキ 細胞生物学

第3章 多細胞生物の成り立ち ・・・・・・・・・・・ 57

3-1 単細胞生物から多細胞生物へ ・・・・・・・・・ 58

3-2 細胞分裂のしくみ ・・・・・・・・・・・・・・・ 63

3-3 発生のしくみ ・・・・・・・・・・・・・・・・・ 65

3-4 細胞と細胞の相互作用 ・・・・・・・・・・・ 78

3-5 神経細胞のはたらき ・・・・・・・・・・・・・ 80

3-6 免疫系のはたらき ・・・・・・・・・・・・・・ 82

第4章 分子のメカニズム ・・・・・・・・・・・・・・ 85

4-1 細胞内の分子たち ・・・・・・・・・・・・・・ 86

4-2 セントラルドグマ ・・・・・・・・・・・・・・・ 97

4-3 DNA の複製 ・・・・・・・・・・・・・・・・・ 99

4-4 遺伝子の発現 ・・・・・・・・・・・・・・・・ 101

4-5 miRNA ・・・・・・・・・・・・・・・・・・・ 108

4-6 タンパク質の輸送と分泌 ・・・・・・・・・・ 110

4-7 細胞周期の調節 ・・・・・・・・・・・・・・・ 112

4-8 細胞骨格 ・・・・・・・・・・・・・・・・・・・ 115

目次 -Contents-

第5章 細胞と病気 ‥‥‥‥‥‥‥‥ 117

5-1 細胞を取り巻く環境 ‥‥‥‥‥‥ 118

5-2 DNA の損傷・修復と突然変異 ‥‥‥‥ 120

5-3 がん細胞 ‥‥‥‥‥‥‥‥‥‥ 126

5-4 細胞と疾患の関係 ‥‥‥‥‥‥ 130

5-5 生活習慣病と細胞 ‥‥‥‥‥‥ 137

Column 「その他の生活習慣病」‥‥‥‥‥ 142

第6章 細胞を取り巻く様々な話題 ‥‥‥ 143

6-1 細胞とは異なるもの〜ウイルス〜 ‥‥‥ 144

6-2 細胞の起源 ‥‥‥‥‥‥‥‥‥ 147

6-3 万能細胞と医療 ‥‥‥‥‥‥‥ 151

索引 ‥‥‥‥‥‥‥‥‥‥‥‥‥‥ 155

本文イラスト：矢戸優人

第1章

生物の成り立ちと細胞生物学

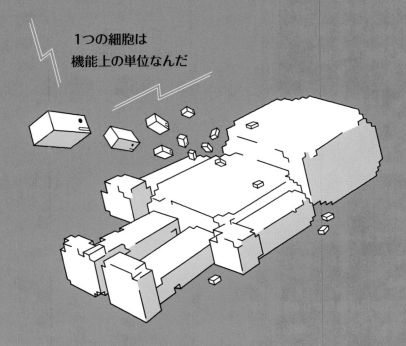

第1章　生物の成り立ちと細胞生物学

1-1 生物とは何か

生物が備えている3つの特徴

　私たちは「生物」である。その名の通り「生きている物」という意味だが，それでは「生物」とはいったい，どのような物を指していう言葉なのだろうか。いやそもそも「生きている」とは，どのような状態なのだろうか。

　生物とよく似た言葉に「生命」というものがある。よく「地球外生命体を見つける」，「生命の大切さ」，「生命をはぐくむ」などといった具合に用いられるように，私たちが「生きている」という場合は，この「生命」に近いイメージをもっているようだ。何となく漠然としているが，実際に目の前で生きている生物たちを見つめたとき，その内面に備わっているように思える「何か」。岩や石，砂などには存在しない「何か」。それが生命なのである。

　しかし，「生物」という場合は，そうした漠然としたものを指しているわけではなく，れっきとしてそこにある「生きている物」そのものを指している。

　そして生物には，必ずもっていなければならない3つの特徴（性質）がある。1つ目は**自己複製する**ということ。簡単にいうと，子孫を残すことができるということである。バクテリアなら分裂して子孫を作ることができ，私たちなら生殖をして子どもを作ることができる。

　2つ目は**エネルギーを作る**ということ。自分の力でものを食べ，体の中で代謝を行いエネルギーを作り出し，そのエネルギーを使って活動し，体を作ることができるということである。

　そして3つ目は**細胞からできている**ということ。すべての生物は細胞という小さな袋状の物体からできていて，細胞は，すべての生物の基本的な単位（レンガの家におけるそれぞれのレンガ）になっている，ということである。

12　ヤミツキ 細胞生物学

この3つの特徴（性質）を備えているものを，私たちは「生物」と呼ぶのである。これらのうちどれかが欠けてもダメなのだ。とりわけ3つ目の特徴である「細胞からできている」は，生物にとって最も重要なものである。細胞からできているからこそ，生物は自己複製し，エネルギーを作り出すことができるわけだから。

なお，生物にはこれら以外にも，たとえば「DNAを遺伝子としてもっている」，「進化する」などのような，共通する特徴（性質）がいくつか存在するんだ。

「生物」であることの3つの特徴

[第1章] 生物の成り立ちと細胞生物学

第1章 　生物の成り立ちと細胞生物学

1-2 細胞とは何か

個々の細胞は「生物」といえるか

1-1 では，生物が備えている最も重要な特徴（性質）は，「細胞からできている」ことであると述べたが，それでは「細胞」とは，いったい何なのだろうか。

よく，**細胞**は生物の基本単位である，などといわれる。1-1 で述べたように，細胞は，私たちという "レンガの家" にとって，1 個 1 個の "レンガ" に相当するものである。ただレンガの家と違うのは，私たちの "レンガ" は，家の外壁だけではなく，家の内部の壁紙であったり，椅子であったり机であったり，ありとあらゆるものを作り出している。すなわち，私たちという "レンガの家" は，内から外から，そのすべてが "レンガ" でできているのである。

しかも，ただ単に「できている」だけではない。私たちの体は，その機能（はたらき）のすべてもまた，1 個 1 個の "レンガ"，すなわち細胞に大きく依存している。細胞は，構造上の単位だけではなく，機能上の単位であるともいえる。

さらに，1-1 で，生物の 3 つの特徴のうちの 1 つは「細胞からできている」ことであると述べたが，じつは細胞そのものもまた，**自己複製**し，**エネルギーを作る**ことができるため，**細胞そのもの＝生物**であるともいえる。

つまり私たちの体を構成する細胞は，その 1 個 1 個がそれぞれ「生物」なのだ。その 1 個 1 個の生物が寄り集まって，私たちの体を作り上げ，私たちというこれまた「生物」を作り上げている，ということになる。

生物であると同時に，生物の基本単位でもある。これが「細胞」なのだ。

小さな魚が多数集まって，1 つの大きな集団を形作ると，まるで 1 匹の大きな魚のようになって，天敵から身を守ることができる。小さな魚 1 匹 1 匹が生きているのと同時に，それが多数集まって形成された集団もまた，あたかも生きているように見える。

14 　ヤミツキ 細胞生物学

細胞性粘菌という不思議な生物は，1個1個の細胞として生きている時期もあれば，多数集まって一定の形をした塊を作り，その状態で動き回るような時期もある。

　こうした事例を見てみると，細胞は生物の基本単位であるというよりもむしろ，生物そのものであると考えた方が，しっくりくる。細胞のはたらきや成り立ちを解明する細胞生物学は，まさに生物学の中心であるといえよう。

細胞の化学的成分

　細胞には，独立した生物として活動を行うための，ありとあらゆる物質が含まれている。生物（細胞）の体を構成する物質は**生体構成物質**といい，1個の原子（イオン）から**生体高分子**まで，様々な種類の物質が存在している。

　元素の割合では，酸素（O），炭素（C），水素（H），窒素（N）を生物の体を構成する四大元素といい，これだけでヒトの体の97%を占める。ヒトの体の70%は水（H_2O）なので，相対的に酸素の割合が非常に高く（65%）なっている。水素の重量比はおよそ10%であるが，水素は水の構成成分というだけでなく，細胞内の水素結合に関与したり，電子を放出してプロトンとなり，**ATP合成**など様々な生体内反応にかかわるなど重要な元素である。炭素はおよそ18%の含有量で，タンパク質や脂質，糖質，核酸などの生体高分子の重要な骨組みとして使われる。窒素は，核酸の構成成分である塩基を形成する重要な元素であると同時に，タンパク質の材料であるアミノ酸の一部をなす。

　これらに加えて，カルシウム（Ca），リン（P），カリウム（K），ナトリウム（Na），マグネシウム（Mg），塩素（Cl）などの微量元素が含まれており，それぞれ重要な役割を果たしているよ。

細胞の生命活動

　細胞内は，水分子（H_2O）が豊富に存在し，それによって水和した様々な物質が様々

な化学反応を行う場である。すなわちこうした化学反応のほとんどは水溶液の状態で進行する。そのため，水分子は細胞の生存にはなくてはならない物質である。

　細胞には，タンパク質，脂質，糖質，核酸という生体高分子が大量に含まれており，これらのもつ様々な機能によって，細胞は生命活動を営んでいる。

　細胞の活動は，タンパク質を中心とした生体高分子による活動によって成り立っているが，その活動をもたらすのはATP（アデノシン三リン酸）と呼ばれる**エネルギーの共通通貨**による。炭水化物などを分解することでATPが合成され，それがADPと無機リン酸に分解する際に放出される高エネルギーを利用して，タンパク質は様々な活動を行うのである。

　これらのほかにも，細胞内にはビタミンや補酵素など，その活動を支える様々な物質が存在している。

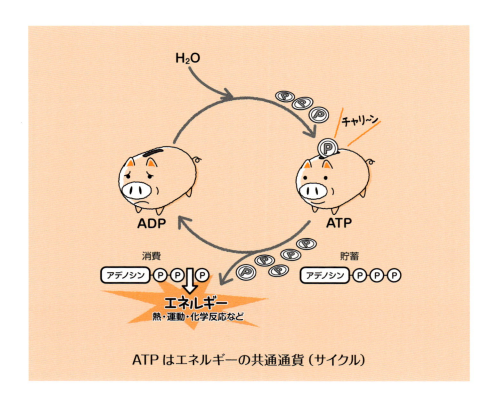

ATPはエネルギーの共通通貨（サイクル）

1-3 原核生物と真核生物

核の有無で大きく2つに分ける

　世の中の生物を，細胞の構造を基準として分けると，大きく2つのカテゴリーに分けることができる。**原核生物**と**真核生物**である。

　これは，細胞の内部に**核（細胞核）**と呼ばれる構造体があるかないかで分けたもので，原核生物には細胞核がなく，真核生物には細胞核がある。

　原核生物には細胞核が「ない」といったが，より正確にいうと**原始的な（pro-）核のようなもの**がある，というのが正しい。これに対して真核生物には**真の（eu-）核**がある。だからこそ，無核生物ではなく〈**原**〉**核生物 prokaryote** と呼び，有核生物ではなく〈**真**〉**核生物 eukaryote** と呼んでいるわけだ（このあたりの実際の構造は，2-1，2-2で詳しく述べる）。

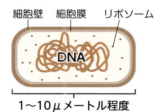

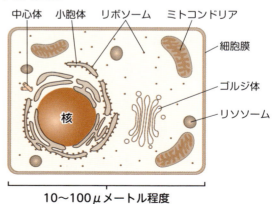

原核細胞と真核細胞

さて，原核生物というのは，すべての生物の祖先に最も近い生物たちであり，現在の分類では，**バクテリア（細菌）**と**アーキア（古細菌）**が含まれる。この分類は**ドメイン（超界）**と呼ばれ，この2つのほかに**ユーカリア（真核生物）**があり，現在ではこの3つのドメインで，この地球上の全生物界が構成されている，と考えられている。

　進化の流れに即していうと，地球上にまず最初に現れたのが現在のバクテリアに近い形をした生物（すべての生物の共通祖先〈LUCA：last universal common ancestor〉）であり，やがてこれが，現在でいうバクテリアとアーキアの2つの系統に分かれた。やがてアーキアの中から，細胞の内部に細胞核をもつようになったものが現れ，これが真核生物へと進化した，と考えられている。

　一般的に，原核生物の細胞（原核細胞）は，真核生物の細胞（真核細胞）に比べて1桁ほど小さい。その直径は，原核細胞は1～10μメートル程度で，真核細胞は10～100μメートル程度である（もちろん，細胞の種類によってはこのサイズより逸脱したものも数多く存在する）。とはいえ，地球全体の生物の総重量で見ると，真核生物よりも原核生物の方が圧倒的に多い。

　細胞核（"真の"核）の有無は，その生物の構造や進化に大きく影響したといえる。これについては第2章で詳しく述べることにしよう。

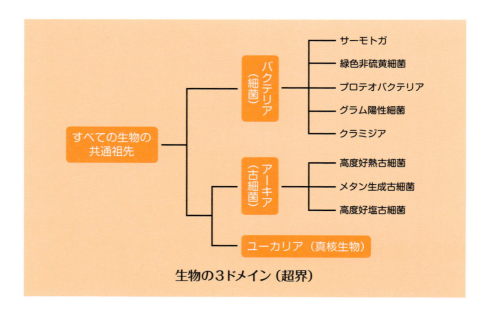

生物の3ドメイン（超界）

単細胞生物と多細胞生物

　先述したように，原核生物であるアーキアの一種に細胞核（"真の"核）が生じ，それが真核生物へと進化した。細胞核をもった真核生物は，ゲノム（その生物の遺伝情報のすべて）を肥大化させ，遺伝子の数と種類を増やすことによって，様々な可能性を手に入れた。そのうちの1つが，1個の細胞だけで生きていたそれまでとは異なる，複数の細胞が集まって生きていく方式の開発である。前者の方式で生きる生物を**単細胞生物**といい，後者の方式で生きる生物を**多細胞生物**という。

　現在，単細胞生物にはすべての原核生物と一部の真核生物が含まれ，多細胞生物は真核生物のみである。「原核生物かつ多細胞生物」であるような生物は，現在のところ知られていない。

　単細胞生物は，1個の細胞で生きている生物であるため，真核生物では特にその細胞構造が特殊化している場合が多い。また，様々な環境に生息しているため，多様化しているのも特徴的である。

　生物分類における3つのドメインのうち真核生物は，さらに大きく複数のカテゴリーに分類される。**巨大系統群**とも**界**とも呼ばれるこのカテゴリーは，それぞれの共通祖先がどのような細胞の構造をもっていたかを基準にして分けられたものであり，すべてのカテゴリーに単細胞生物が含まれているほど，真核生物である単細胞生物は多様である。

　そうした単細胞生物を祖先としたいくつかの巨大系統群（界）において，多細胞生物が誕生した。1つは植物に代表される**アーケプラスチダ**，1つは動物や菌が含まれる**オピストコンタ**である。多細胞生物の進化の過程は詳細にはわかっていないが，最初は，単細胞生物がいくつか集まって「ゆるい」集合体を形成し，それがやがて強固な結合を有した「かたい」集合体となり，さらに細胞の数も増えていったのではないかと考えられる。

　多細胞生物の細胞は，単細胞生物の細胞とは異なり，役割分担がなされてある特定のはたらきのみをもつようになっている。これを細胞の**分化**（3-3で詳しく述べる）といい，私たちヒトの場合，200種類以上の細胞に分化している。

[第1章] 生物の成り立ちと細胞生物学　19

第1章　生物の成り立ちと細胞生物学

1-4 細胞生物学の歴史

フックによる細胞の発見

　さて，ここからしばらく，細胞生物学の歴史について概観していきたい。

　生物というものの存在は，当然のことながら有史以前から認識されていたに相違ないけれども，細胞というものの存在を人類が認識するようになったのは，**顕微鏡**という肉眼で見えないものを見ることができる装置が開発されて以降のことである。

　細胞を初めて文献に記載したのはイギリスのロバート・フックであると考えられている。英国王立協会※に所属する著名な科学者であったフックが1665年に出版した著書『ミクログラフィア（Micrographia）』には，フックが自作の顕微鏡を用いて身の回りの様々なものを観察した極めて精緻なスケッチ画が多数掲載され，その中にコルクの小片を観察したものがある。そこには，コルクが多数の「小部屋」からできていることが明らかなイラストが掲載されており，フックはそれを「cell（小部屋・独房）」と呼んだのだ。これが**細胞（cell）**という名称の，人類史上の初出であるとされる。

　コルクは死んだ植物の破片であるが，後にフックは，生きた細胞の組織にもこのような小部屋が存在することを確かめている。

　こうした観察は，他の科学者によってもなされた。同じくイギリスの科学者ネーミア・グリューは，フックが観察したcellに該当する植物体の構造単位を観察し，これにbladder（小胞）という名をつけている。

　17世紀のこうした科学者たちは，植物の体がこのような「小部屋」，「小胞」などによってできているらしいということを認識したが，それが果たして，観察した植物だけの特徴なのか，植物全体の特徴なのか，そして生物全体の特徴なのかといったことまでは，おそらく思いを巡らせることはできなかったであろう。

　まず当時としては，動物と植物はまったく別物であった。これらが同じ生物というく

20　ヤミツキ 細胞生物学

くりで認識されるようになるのは 19 世紀になってからである。この小部屋が生物のはたらきの中心をなす「基本単位」であるという認識は，17 世紀当時にはなかったと考えられる。

とはいえ，顕微鏡という魔法の道具を手にした科学者たちが，この小部屋の重要さを認識するようになるのは，もはや時間の問題であった。

※ 現存する最も古い科学の学会。1660 年，国王チャールズ 2 世の勅許を得て設立。

レーウェンフックによる微生物の発見

ロバート・フックと混同されることがあるが，オランダの科学者であるアントン・ファン・レーウェンフック（レーウェンフク）という人物は，フックとほぼ同時代の人で，フックとは異なる様々な発見をしたことで知られる人物である。

レーウェンフックも，フックと同様に自作の顕微鏡を作って身の回りの様々なものを観察したが，フックのそれが現在の顕微鏡とほぼ同じしくみであったのに対して，レーウェンフックのそれは現在のルーペ（虫眼鏡）のようなものであった。とはいえその精度は非常に高く，生涯にわたって数百もの顕微鏡を自作したと伝えられており，数 μ メートルのレベルで対象物を観察できるほどだった。

レーウェンフックはフックとは異なり，いわゆる"在野"の研究者であった。1674 年に，湖の水の中に微細にうごめく微生物を，自作顕微鏡を用いて発見したことが最も有名なエピソードで，これによってレーウェンフックは「微生物学の父」とも称される。そのほかにも口の中に微細な細菌が存在していることを発見し，さらに 1678 年には，動物の精子を初めて発見したことでも知られている。

こうした業績が，やがて当時の科学界の最高権威であった英国王立協会にも認められ，1680 年，ロバート・フックの推薦によって，レーウェンフックは英国王立協会の会員となった。

[第1章] 生物の成り立ちと細胞生物学　21

レーウェンフックの顕微鏡

細胞説の提唱

　フックによって細胞（cell）が発見され，レーウェンフックによって微生物が発見されても，細胞というものが生物にとってどのように重要なものであるかが明らかとなったのは，彼らが生きた17世紀から100年以上経った19世紀の半ばあたりである。

　そもそも，**生物学**という概念とそれを表す言葉「**biology**」が最初に使用されたのは1802年のことだといわれている。ドイツの博物学者トレヴィラヌスが，その著書『Biologie oder Philosophie der lebenden Natur』において用いたのが最初であるらしい。ほぼ同時期に，進化論の先駆者として知られるラマルクもまた，動物学と植物学を統合した概念として「biology」の語を用いたとされる。すなわち18世紀以前は，

動物と植物はまったく別のものであり、「生物」という1つの体系にまとまり得るものではなかった。その溝が埋まるきっかけとなったものこそ「細胞」だったのである。動物も植物も、細胞という共通の要素をもつ。この知見こそ、現代生物学を支える屋台骨となっていったのであり、そのきっかけを作ったのがドイツの2人の生物学者だった。

マティアス・シュライデンは、1838年、その論文『植物発生論 Beiträge zur Phytogenesis』を発表し、その中で「いくらかでも高い水準に発達した植物は、完全に個体性をもって独立した個別的存在であるところの細胞の集合体である」(佐藤七郎・大石圭子訳)と述べ、植物体の構成要素が細胞であることを明らかにした(チャールズ・シンガー『生物学の歴史』〈西村顕治訳〉、時空出版より)。しかし、細胞の発生がいかにして起こるかについては、細胞が、その核の表面から出芽によって生じるとする、誤った解釈をした。

テオドール・シュヴァンは、シュライデンの弟子にあたる人物である。彼は1839年、その論文「動植物の構造と成長の一致に関する顕微鏡的研究」の中で、「それらの構造と発展という最も重要な事象は、植物の場合の対応する過程と一致する。これらの組織は独特の要素的細胞とまったく並列に置かれるべき細胞から生じる。これらの細胞はその発展過程において、植物細胞に類似した現象を現す。動物界と植物界を隔てていた主な障壁—すなわち構造の不一致—は、これによって崩れ落ちた(檜木田辰彦訳、チャールズ・シンガー『生物学の歴史』〈西村顕治訳〉、時空出版より)」と述べ、シュライデンの提唱した植物に加え、動物も基本的な構成単位が細胞であることを明らかにし、動物と植物の共通性に言及した。しかし、上述したシュライデンの誤りを正すことは、残念ながらなかった。

細胞分裂の発見とその重要性

シュライデンとシュワンは、細胞説の提唱という金字塔を打ち立てたが、彼らが誤って理解した細胞の発生に関して、意図的であるにせよないにせよ、それを最初に正したのはスイスの植物学者カール・フォン・ネーゲリであったといえる。なぜならネーゲリは1842年、花粉や藻類を使った研究で、**細胞分裂**を最初に記載した人物である

[第1章] 生物の成り立ちと細胞生物学　23

とされているからだ。ネーゲリはそれを**壁性細胞形成**と名付けた。しかしネーゲリは，細胞分裂がすべての細胞の発生の元であることまで考えは及ばなかったとされる。

1858年，ドイツの病理学者ルドルフ・フィルヒョーは，『細胞病理学』の中で，「すべての細胞は細胞から生じる（Omnis cellula e cellula）」という有名なフレーズを世に残した。フィルヒョーは，ヴュルツブルク大学で病理学研究のために顕微鏡に熱中し，細胞の生ずるところには必ず先住する細胞があり，分裂により増殖するとの考えに至る。

ほぼ同時期，ドイツの生物学者ロベルト・レマーク（外・中・内の三胚葉を命名したことでも知られる）もまた，1個の細胞が2個の細胞に分裂するという方式が，一般的な細胞増殖の方法であるとの結論に達していた。

1870年代になると，ドイツの植物学者エドゥアルド・シュトラスブルガーによって植物における有糸分裂の過程が明らかにされ，この頃になってようやく，細胞は分裂により増殖するという概念が確立し，現代の意味における細胞説が完成したのである。

1655	フックが自作の顕微鏡でコルクの小片を観察，細胞（cell）と呼ぶ
1674	レーウェンフックが湖の中の微生物を発見
1678	レーウェンフックが動物の精子を発見
1683	レーウェンフックが細菌を発見
1802	トレヴィラヌスが生物学という言葉と概念を初めて使用する
1838	シュライデンとシュヴァンが細胞説を唱える
1842	ネーゲリが花粉や藻類を使い細胞分裂を最初に記載する
1857	ケリカーが筋細胞にミトコンドリアを発見
1858	フィルヒョーが「すべての細胞は細胞から生じる」という考えを発表
1870	シュトラスブルガーによって有糸分裂の過程が明らかにされる
1879	フレミングが有糸分裂時の染色体の動きを詳細に記載
1898	ゴルジがゴルジ体を発見
1931	ルスカらが電子顕微鏡を開発

細胞生物学の初期の歴史

第1章 生物の成り立ちと細胞生物学

1-5 医学・医療と細胞生物学

病気を細胞レベルで考える

現在，医療技術の発達や医学研究の進展に，細胞生物学の知識とその発展は欠かすことのできない存在となっている。

ルドルフ・フィルヒョーが，病気の発生と細胞とを関係づけたことにより，病気を細胞レベルで研究する見方やその方法，病気の治療を細胞レベルで達成しようとする技術や知見の発見への道筋が開かれたといえようが，もとより細胞生物学そのものの発展は，細胞というものの個体における重要性を洗い出すことに成功してきたわけだから，そうした流れが現在に至る医学・医療の発展の主流となってきたのは当然のことであるといえる。

細胞というものの存在が最も存在感のある医学分野といえば，やはり「がん」医学であろう。がんは，言うなれば「がん細胞」の塊であると同時に，フィルヒョーがもしこれを表現したとするなら，多数のがん細胞が作り出す1つの「社会」でもある。病気としてのがんの克服は，がん細胞がいかにして正常細胞から生じるかを追求する基礎研究に端を発し，それを御しながらいかに個体全体をより正常化させるかを追求する応用研究がこれを後押しする。

がん細胞という「異常な細胞」を御する手立てを考えるという柱があるとすれば，現代の医学・医療には，正常な細胞を御する手立てを考えるという柱もある。その代表が，iPS細胞やES細胞を中心とした万能細胞を利用した再生医療の分野である（6-3で詳しく述べる）。

[第1章] 生物の成り立ちと細胞生物学　25

iPS細胞が教えてくれること

　ヒトの正常な**体細胞**をリプログラミングして作り出す**iPS細胞**は，見方を変えれば正常な細胞であるとはいい難いが，このiPS細胞を様々に操作し（培養条件を変えて），正常な組織や器官を作り出すことを目的とするのであれば，それは正常な細胞を御するものとみなしてよいだろう。iPS細胞から作り出すことができるのは，その患者特有の遺伝的バックグラウンドをもった「オーダーメイド」な実験細胞であり，はたまたオーダーメイドな組織・臓器である。このことは，再生医学の発展を保障するものであったと同時に，ヒトの体が「細胞」からできていることを再認識させるきっかけにもなった。

　それと同時に，これからの医学・医療の発展のためには，細胞生物学の基礎的知見の蓄積が，より重要になりつつあることも，再認識させられることになったともいえる。

ヒトの体は細胞によってできている

第2章

細胞の構造

第2章　細胞の構造

2-1 原核細胞と真核細胞

原核細胞の構造と特徴

　原核生物に含まれる**バクテリア（細菌）**は，3つのドメイン（1-3 参照）のうちの1つであり，総生物重量としては地球上で最も多い生物群である。かつては**ユーバクテリア（真正細菌）**と呼ばれていた。

　バクテリアは，**ペプチドグリカン**と呼ばれる物質を主成分とする**細胞壁**によって，その細胞の周囲が覆われている。ペプチドグリカンは，アミノ糖という物質がポリマーを形成した高分子物質であり，細胞の強度を高めている。**アーキア（古細菌）**もまた，バクテリアと同じように細胞膜の外側に硬い成分からなる細胞壁（あるいは細胞壁のような構造）をもつが，バクテリアのようなペプチドグリカンではなく，物質的にバクテリアとは異なる。多糖やタンパク質でできた特殊な細胞壁をもつものや，細胞壁を完全に失った古細菌もいる。

　バクテリアには，グラム染色と呼ばれる染色法によって染まるものと染まらないものがあり，前者を**グラム陽性細菌**，後者を**グラム陰性細菌**という。グラム陽性細菌の細胞壁は，厚いペプチドグリカン層からなるが，グラム陰性細菌の細胞壁は，薄いペプチドグリカン層しかなく，さらにその周囲に**脂質二重層**（外膜）が存在する。病原性をもつバクテリアのうち，病原性の強いものは一般的にグラム陰性細菌に多い。

　抗生物質のうち，ペニシリンやアンピシリンなど一部の抗生物質は，バクテリアのペプチドグリカン合成を阻害する。

　細胞壁の内側には**細胞膜**があり，その内部に **DNA**，**リボソーム**，そして様々な化学物質が存在する。アーキアの細胞膜は，他の生物（バクテリアならびに真核生物）とは大きく異なる特徴をもつ。バクテリアと真核生物の細胞膜は，直鎖炭化水素鎖をもち，エステル結合[※1]によってグリセロールと結びついた脂肪酸をもつが，古細菌の

28　ヤミツキ 細胞生物学

細胞膜は，一部が分岐した炭化水素鎖（イソプレノイド）をもち，エーテル結合[※2]によってグリセロールと結びついた脂肪酸をもつ。また一部の古細菌は，長い炭化水素鎖の両端にグリセロールがエーテル結合により結びついた，脂質一重鎖をもつものもある。

　バクテリアやアーキアには，移動のための手段として**鞭毛**をもつものがいる。よく研究されているのはバクテリアの鞭毛で，**フラジェリン**と呼ばれるタンパク質の重合体である。大腸菌などは，細胞壁の複数箇所に**鞭毛モーター**と呼ばれるタンパク質複合体が存在し，そこから細長く伸びた鞭毛をもつ。そして鞭毛モーターを回転させることで鞭毛を波打たせ，移動する。

　らせん細菌（スピロヘータ）には，細胞の端からもう一方の端に伸びる，まるで糸を張ったかのような鞭毛が存在し，その外側を外膜が覆った構造をしている。この鞭毛を動かすことにより，スピロヘータはその細胞全体が，コルク栓を通り抜けるらせん状の栓抜きのような動きをし，それによって水中を移動することができる。

　バクテリアの細胞内には基本的に**細胞小器官**などは存在せず，DNAの塊である**核様体**と，その周囲もしくは細胞膜の内側にリボソームが存在するのみであるが，光合成細菌として知られるシアノバクテリアのように，ある一定の細胞内構造体が見られる場合もある。

※1 エステル結合…カルボン酸とアルコールの間で水が失われて生成する結合。
※2 エーテル結合…1個の酸素原子に2個の炭化水素基が結びついている時に酸素と炭素の間に見られる結合。

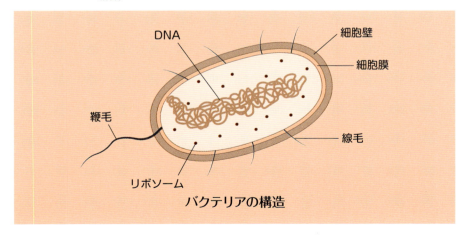

バクテリアの構造

[第2章] 細胞の構造　29

動物細胞と植物細胞の比較

　真核生物の細胞（真核細胞）の構造は，原核生物に比べるとかなり複雑である。サイズも大きく，一般的な真核細胞の直径は，一般的な原核細胞（バクテリア）の数倍～10倍ほどもある。

　真核生物にも様々な種類があり，極めて多様であって，類型化することは難しいのだが，多くの教科書でもそうなっているように，ここでも典型的な2つの細胞として動物細胞と植物細胞をモデル化して，その構造を概観しておきたい。

　2つの細胞に共通している構造は，**細胞膜**，**細胞核**，**ミトコンドリア**，**小胞体**，**ゴルジ体**，**リボソーム**，そしてその他の様々な小胞である。

　細胞膜は，細胞を包み込む脂質二重層がその役割を担っている。原核生物も含めてすべての生物の細胞は，細胞膜によって包まれている。細胞核は，すべての真核細胞に存在する最大の**細胞小器官**（オルガネラともいう）であり，核膜と呼ばれる二重の脂質二重層（すなわち四重の膜）によって包み込まれており，その内部にゲノム（DNA）が納められている。ミトコンドリアは，1個の細胞に数百から数千個も存在する（細胞の種類によってその数は異なる）細胞小器官で，呼吸によりエネルギー物質 ATP を作り出す重要な役割を果たす。小胞体は，核膜の外側から時には細胞質全体にわたって広範囲に存在する層状の膜成分であり，リボソームで作られた分泌性タンパク質の修飾の場として機能する。ゴルジ体も，小胞体と同様に層状の膜成分からなる細胞小器官で，小胞体で修飾された分泌性タンパク質をさらに修飾し，分泌小胞の中に封じ込めて細胞外へと放出する役割を担う。リボソームは，細胞質内に無数に存在する，大小2つのサブユニットからなるタンパク質と RNA の複合体で，「タンパク質合成装置」として機能する粒子である。

　この他，動物細胞には，**中心体**と呼ばれる2つの中心小体が直角に配置された構造体があり，細胞分裂時に両極に分かれ，紡錘体形成の核となる（3-2 参照）。

　また植物細胞には，**葉緑体**や**細胞壁**などの構造が見られる。葉緑体は光合成の場として機能する細胞小器官であり，細胞壁は，バクテリアの細胞壁とは異なりセルロースを主成分とする硬い層を形成し，植物体の構造維持に大きな役割を担っている。

これら細胞内構造については，これから詳しく見ていこう。

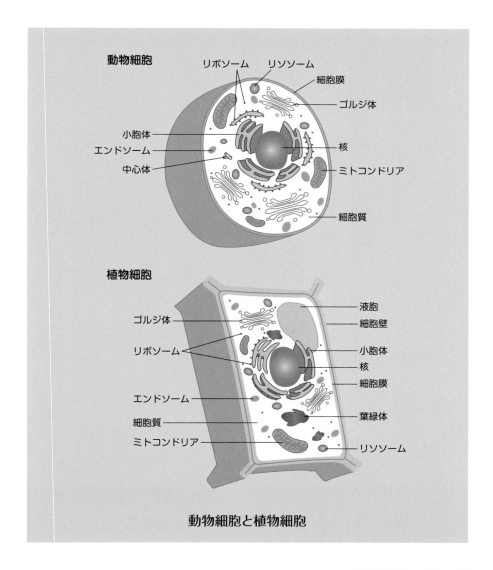

動物細胞と植物細胞

第2章 細胞の構造

2-2 単細胞生物と多細胞生物の構造

高度な構造をもつゾウリムシ

　すでに述べたように，真核生物の単細胞生物は，単独で生きるために様々な機能を備えた極めて複雑な様相を呈しており，さらにその種類によって，非常に多様な構造をもっているため，すべてを平均化して述べるのは難しい。ここでは，最も複雑で高度な構造をもつものの1つである，「ゾウリムシ」について述べることにする。

　ゾウリムシは，真核生物ドメイン，サール巨大系統群（界），繊毛虫門に属する単細胞生物で，細胞膜の周囲に無数の**繊毛（線毛）**をもち，それを波打たせて移動する。その名からは，体が扁平で「草履」のような体を波打たせながら移動する様をイメージするかもしれないが，じつはゾウリムシの体はナスかニンジンのように太く立体感があふれた形をしている。

　ゾウリムシの内部には，多細胞生物の細胞にはない様々な器官が内包されている。その多くは細胞膜と同じ脂質二重層で包まれたあぶくのような構造である**胞**だ。ゾウリムシの中で最も目立つ器官である**細胞口**は，その名の通り食物を取り込むトンネルのような構造で，取り込まれた食物は細胞内で**食胞**の中に入れられ，消化される。淡水性生物であるゾウリムシは，外界の水よりも細胞内の塩濃度が高く高張であるので，常に水が細胞内に流入する。そのためゾウリムシは**収縮胞**と呼ばれる器官を使って常に水を細胞外に放出している。

　またゾウリムシの顕著な特徴として，細胞核が2つ存在することが挙げられる。サイズが大きな**大核（栄養核）**とサイズが小さな**小核（生殖核）**があり，大核では大幅なDNAの再編成が行われ，同じ遺伝子が何千コピーも存在するなど，遺伝子を発現させてタンパク質を作り，ゾウリムシの細胞のはたらきを維持する重要な役割がある。ひとそろいのゲノムがきちんと存在するのは小核の方で，小核がゲノムの正確な継承，す

32　ヤミツキ 細胞生物学

なわち生殖にかかわっているわけである。

このように、単細胞生物の細胞は、それ1個で生きていくための様々な活動をする必要があるため、多細胞生物の細胞にはない様々な器官が存在するよ。その種類は、単細胞生物の種類によって大きく異なっているんだ。

ゾウリムシの構造

多様な姿をもつ多細胞生物

　単細胞生物は，その種の数だけ多様な細胞の形があるといえる。しかし，じつは多細胞生物もそれに負けず劣らず，多様な細胞の形が存在する。

　すべての多細胞生物は真核生物であり，典型的な多細胞生物の細胞として，2-1 で紹介したような動物細胞と植物細胞が，教科書に掲載されていることはよく知られている。生徒はまずこれらの構造を学ぶので，細胞といえばこれらの細胞の特徴がイメージされているはずだ。しかし，こうした細胞はあくまでも「典型的な」ものに過ぎず，いわば多細胞生物の様々な種類の細胞の平均的な姿である。あのような模範的な細胞が本当にあるかとなると，疑問符がつかざるをえない。

　多細胞生物の細胞は，それぞれの機能に特化するために**分化**した状態となっているため，単細胞生物の細胞のような“マルチ”ではない。

　動物の細胞の場合，肝臓を構成する肝細胞，表皮を構成する表皮細胞（特に根元に近い細胞），血管内皮細胞，リンパ球などは，典型的な細胞のイメージにやや近いかもしれないが，やはりそれぞれに固有の特徴というものをもっている。一方で，筋細胞，神経細胞，たこ足細胞，小腸上皮細胞などのように，形が極めて特徴的な細胞というものもある。ここでは 2 つほど例を挙げる。

　筋肉の細胞（**筋細胞**）は，筋肉の役割（収縮と弛緩を繰り返すことにより体を動かす）に特化するため，収縮タンパク質である**アクチンフィラメント**と**ミオシンフィラメント**を中心とした**筋原線維**で細胞内を満たしており，かつそれを動かすためにカルシウムを放出，吸収する**筋小胞体**が非常に発達している。さらに，筋肉全体の一体性を保証するために，細胞同士が融合した巨大な細胞となり，**筋線維**を作っている。

　小腸上皮細胞は，小腸の内腔側にある細胞で，小腸内腔を移動する食物由来の低分子物質を吸収し，最終的な栄養素にまで分解し，血液中に取り込むはたらきをする。吸収効率を上げるため，小腸上皮細胞は極端な表面積の拡大を試みており，その表面には，**微絨毛**と呼ばれる細胞膜が極度に入り組んだリアス式海岸のような構造が見てとれる。そうして表面積を大きく広げ，栄養の吸収効率を大きくアップさせているのである。

34　ヤミツキ 細胞生物学

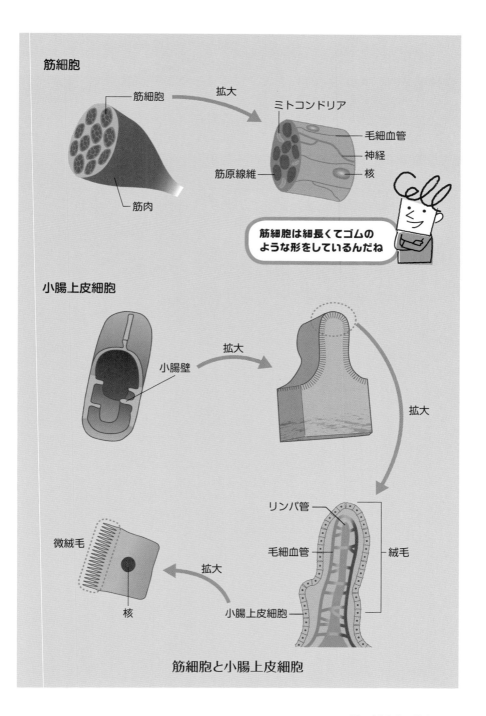

筋細胞と小腸上皮細胞

2-3 細胞膜

膜の重要性

　体内だと思っていたのがじつは体外だったという代表的な例が，私たちの消化管であろう。私たちの体を極端にデフォルメすると，ちくわに例えることができる。ちくわの穴が，すなわち私たちの消化管で，それぞれ口と肛門で外に開いている。この場合，「体内」に該当するのがちくわの実質だ。つまり，消化管（ちくわの穴の中）というのは，じつは体内なのではなく，「体外」なのである。

　消化管というのは，外界から取り入れた食物が通り抜ける部分である。食物は，どれだけ新鮮なものであったとしても，そこには必ず微生物やウイルスが付着している。つまり"汚い"のだ。そうしたものをいきなり体内に入れるわけにはいかないから，「体外」である消化管内で消化し，消毒しなければならない。胃の酸性は，タンパク質を変性させて消化しやすくするのと同時に，微生物を殺す作用ももつ。そうしてゆっくりと体外である消化管内で食物を処理し，消化し，最終的には小腸において「体内」に吸収

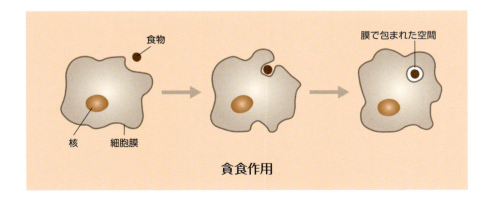

貪食作用

するのである。**腸内細菌**が住み着いているのは大腸内だが，それは体内ではなく「体外」なのだ。

真核生物の細胞がもっているしくみも，じつはこれによく似ている。

細胞には細胞膜があり，細胞内部には，その細胞膜と同じ成分からなる様々な袋状の構造体が存在する。

単細胞生物などは，食物などを細胞内に取り込むとき，細胞膜でその物質を取り囲むようにして取り込み，膜で包まれた空間に封じ込めるようにする。これを**貪食作用**（食作用）もしくは**エンドサイトーシス**などと呼ぶ。つまりその空間は，細胞内にあっても細胞「外」空間である。その細胞外空間で，細胞はライソザイムなどの消化酵素を利用してその物質を消化し，本当の「細胞内」へと吸収する。

多細胞生物の細胞では，このしくみは細胞外へタンパク質を分泌する際にも発揮される。細胞内の小胞体（これも膜で包まれた扁平な空間だ）で作られた分泌タンパク質は，細胞「外」空間である小胞体内腔へと押し出され，膜単位で分離，融合を繰り返しながら，同じく膜で包まれたゴルジ体を経由して，細胞外へと押し出される（**エキソサイトーシス**と呼ぶ）。

細胞内だと思っていたが，じつは細胞外に該当する空間がそこかしこに存在し，そのしくみを利用しているのが，私たちの細胞なんだ。

細胞膜の構造

細胞膜は，すべての細胞を包み込む膜である。言ってみれば，前頁で述べた膜の重要性を最初に体現することに成功した存在である。

細胞膜は，**脂質二重層**と呼ばれる構造により成り立っている。**リン脂質**という脂質は，グリセロールに2個の脂肪酸と1個のリン酸が結合した構造をしている。リン酸は親水性であり，脂肪酸は疎水性である。したがってリン脂質は水にも油にもなじめる**両親媒性**の物質であるため，水溶液中では親水性のリン酸部分を外側に，疎水性の脂

[第2章] 細胞の構造　37

肪酸部分を内側に向けた二重層を形成する。これが脂質二重層だ。

　細胞膜は，リン脂質のみで成り立っているわけではなく，他の脂質（コレステロールなど）も適度に存在し，細胞膜の流動性を保っている。また細胞膜には，細胞の接着にはたらいたり細胞外シグナルの受容体としてはたらいたりするようなタンパク質も多く埋め込まれており，細胞間コミュニケーションに重要な役割を果たしている。

　この細胞膜には，半透性という性質がある。ある物質はそのまま通過させるが，ある物質は通過させないという性質をいうが，時には特殊なしくみ（**チャネル**，**ポンプ**など）を使って通過させることもある。細胞膜は**半透膜**なのである。

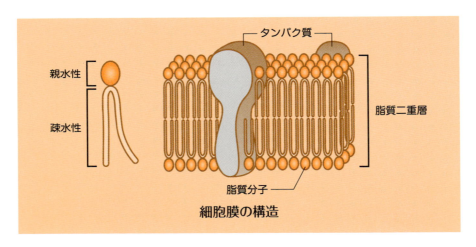

細胞膜の構造

細胞膜のはたらき

　細胞膜の最も重要なはたらきの1つに，細胞膜に存在するタンパク質を介して，ある特定の物質のみを通過させる**能動輸送**と呼ばれるしくみが挙げられる。これにより細胞は，細胞膜内外の濃度に逆らうようにしてその物質を選択的に透過させ，一時的に濃度差を生じさせることで，特定のはたらきを発揮することができる。たとえばナトリウムイオン（Na^+）ポンプ，カリウムイオン（K^+）ポンプなどは，該当するイオンの細胞膜内外濃度差を作り出すことに威力を発揮しているし，カルシウムイオン（Ca^{2+}）チャネル，Na^+チャネルなどは濃度差（濃度勾配）に従って該当するイオンを輸送している。

また，水分子を特異的に透過させる水チャネル（**アクアポリン**）もある。

　2-1で述べたように，細胞膜はそのまま，細胞内部の様々な細胞小器官と，「脂質二重層」という同じ特徴をもつ膜同士で，機能的に連関している。細胞膜は，細胞外からの物質や食物の取り入れ（エンドサイトーシス），細胞外への物質の放出（エキソサイトーシス）など，極めて柔軟性の高い機能を有しており，単に細胞を包み込んでいるだけではないのである。

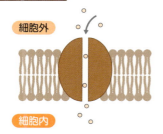

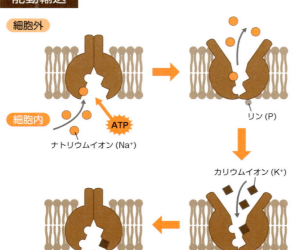

受動輸送と能動輸送の違い

［第2章］細胞の構造

第2章 細胞の構造

2-4 細胞核

真核細胞がもつ大きな細胞小器官

　真核細胞がもつ最も大きな細胞小器官が，**細胞核**である。

　細胞核は，ブラウン運動の発見者としてその名が知られるイギリスの科学者ロバート・ブラウンにより，すべての細胞に普遍的に存在すると考えられる要素として，1831年に初めて"発見"された。ただ，それはその生物学的意義を明確にしたという意味での"発見"であって，細胞の中にそのような構造体が存在するということ自体は，すでに18世紀に見出されており，植物画家として知られるフランツ・バウアーにより，魚類の赤血球に存在するその構造体に**核（nucleus）**という名が与えられていた。

　細胞核は，**核膜**と呼ばれる膜によって，細胞質から分離された大きな区画として成立している。核膜は細胞膜と同じく脂質二重層だが，その脂質二重層がさらに二重となり，あたかも「脂質四重層」であるがごとく，分厚い障壁となっている。とはいえ，核膜は完全に細胞質との間に壁を作っているわけではなく，じつは無数の穴が開いていて，そこから物質の出入りが行われている。その無数の穴を**核膜孔**と呼ぶ。

　細胞核の中身である核質は，**クロマチン**と呼ばれる，DNAと**ヒストン**（タンパク質の一種）の複合体によってほぼ満たされている。ヒトの典型的な細胞の場合，1個の細胞核におよそ2メートルにも及ぶDNAが詰め込まれているが，それはヒストンを糸巻きのようにして巻きつき，整然と整理された様式で折りたたまれ，およそ30ナノメートルの幅をもつ**クロマチン繊維**となって，細胞核内に，決まった方法によって配置されていると考えられている。そして，DNAからは遺伝子の転写が活発に行われ，多数のmRNA（メッセンジャーRNA）が常に多く合成されている。

　DNAのうち，rRNA（リボソームRNA）遺伝子が存在する部分は複数の染色体に分かれているが，これが一箇所に集まって，効率よくrRNAを転写している部分が**核小**

40　ヤミツキ 細胞生物学

体である。核小体は，リボソームを合成する場である。核小体には核膜のような明瞭な境界はなく，周囲に比較してrRNAやリボソームタンパク質が濃く集まった領域として電子顕微鏡などによって認識される。細胞核内に1個だけ形成される場合もあれば，複数形成される場合もある。

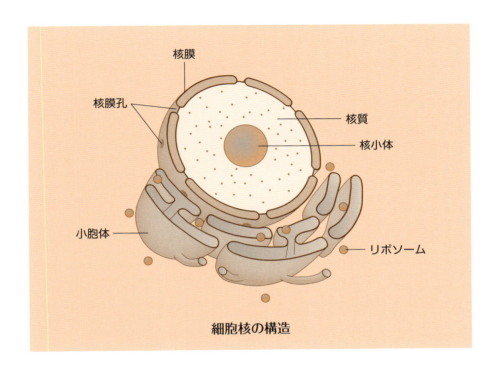

細胞核の構造

細胞核の中身

　細胞核の内容物は，先ほど述べたように，その多くをDNAとヒストンからなるクロマチン繊維が占める。2メートルもの長さのDNA（幅は2ナノメートル）が，直径わずか数十μメートルの細胞核に納まっている。これをわかりやすく例えると，バスケットボールの中に，200キロメートルの長さの糸（幅は0.2ミリメートル）が詰め込まれている状態である。このDNAが複製されると，さらにその長さは倍になるが，それでも

[第2章] 細胞の構造　41

DNA が絡まってしまうことがないのは，絡まりを防ぐ酵素（トポイソメラーゼ）のはたらきもあるが，クロマチン繊維が一定の法則に従って，整然と細胞核内に配置されているからであると考えられている。

ヒストンには H1, H2A, H2B, H3, H4 の 5 種類のものがあり，このうち H2A から H4 までの 4 種類のヒストンが 2 個ずつ，合計 8 個集まって**ヒストン八量体**を作っており，これが"糸巻き"のようになって，DNA が 2 周強巻きついている。この構造を**ヌクレオソーム**といい，クロマチン繊維の機能単位となっている。一方, 残りの H1 は，ヌクレオソーム同士がらせん状に折りたたまれるのに重要な役割を果たしている。

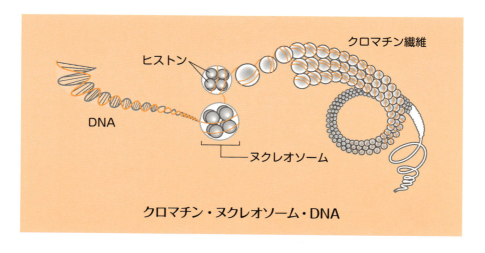

クロマチン・ヌクレオソーム・DNA

核質内のクロマチン繊維は，遺伝子発現が活発な部分とそうでない部分とでその全体的な形が異なっており，遺伝子発現が活発な部分より，そうでない部分の方が凝縮している。このようなクロマチンを**ヘテロクロマチン**といい，遺伝子発現が活発な部分を**ユークロマチン**という。細胞ごとにどの部分がヘテロクロマチンとなり，どの部分がユークロマチンとなるかが決まっているが，同じ細胞でも環境に応じてさらに細かく，クロマチンの凝縮状態がフレキシブルに変化することがある。

核質には DNA が存在することから，常に何らかの遺伝子が発現しているため，遺伝子発現（**転写**）に必要なタンパク質である **RNA ポリメラーゼ**や**転写因子**などが大量に存在する。また核質には，**DNA 複製**に必要な **DNA ポリメラーゼ**や **PCNA** などの

複製用タンパク質，DNAの損傷を修復するタンパク質，絡まりを防ぐ**トポイソメラーゼ**など，様々なDNA関連タンパク質が存在している。それとともに，核質には**核マトリクス**と呼ばれる骨格的な構造が縦横無尽に走っており，こうしたタンパク質やDNAの"足場"としてのはたらきを果たしていると考えられている。

核小体

　すでに述べたように，核小体には，核膜のような外界と隔てる明瞭な境界構造があるわけではない。核小体は，リボソーム合成の場であるから，周囲の核質と比較してrRNAやリボソームタンパク質が多く集まった領域として，電子顕微鏡などで解析すると濃く浮き出た状態で認識されるだけである。もっとも，明瞭な境界構造がないからといって核小体だけを単離すること（取り出すこと）ができないのかというとそういうわけではない。筆者も大学院生時代，あるがん細胞から核小体を単離して，そこから核小体に存在するタンパク質を精製するという実験をしたことがある。核小体には明瞭な境界構造はないが，全体として1つにまとまった機能体として作用していることは明らかである。

　真核生物のrRNA遺伝子は，染色体の複数の領域に，複数コピーにわたって存在するため（それだけ生物にとって重要な遺伝子ということだ），その領域（**核小体形成領域**）が一箇所に集まり，一体化してリボソーム合成を担っている。それが核小体である。さらに，細胞質で合成されたリボソームタンパク質は，いったん細胞核内に入り，核小体にまで入り込んでくるため，70種類ものリボソームタンパク質が核小体内に集合し，転写されたrRNAと組み合わされ，リボソームの大小サブユニットが合成されている。

　リボソームタンパク質以外にも，核小体には**ヌクレオリン**（別名C23），**ヌクレオフォスミン**（別名B23）など核小体に特異的に存在するタンパク質が存在し，リボソーム合成に関与していると考えられている。ヌクレオフォスミンは，細胞質と核小体を行き来する**シャトルタンパク質**でもあるが，その詳しい役割はまだよくわかっていない。

[第2章] 細胞の構造　43

核膜と核膜孔

　細胞核を包み込む**核膜**は，脂質二重層がさらに二重になった構造，すなわち脂質膜の視点では四重構造を形成している。その一部は，細胞核外に存在する小胞体とそのままつながっている場合も見られる。このことは，真核生物の誕生における細胞核の起源が，じつは小胞体であることを示唆している。

　核膜は脂質二重層がさらに二重になってはいるが，それは鉄壁なまでに，虫の這い出る隙間なく細胞質と核質を分断していることを意味しているわけではない。核膜には無数に存在する穴，**核膜孔**が存在し，この穴を通じて細胞質と核質との間で物質のやり取りが行われている。典型的な真核細胞には，1個の細胞核につき 3,000~4,000 個もの核膜孔が存在する。「穴」と書いたが，実際には核膜孔は単なる穴ではなく，**核膜孔複合体**と呼ばれる複数のタンパク質からなる複雑な「ゲート」である。すなわち，普段は「閉じて」おり，通り抜けられる物質がやってきたときのみ「開く」のだ。いわば，この核膜孔複合体によって，核膜を通り抜けられる物質は決められているといえる。具体的には，核質から細胞質に向かっては，mRNA を中心とした転写産物，核小体で合成されたリボソームの大小サブユニットなどが選択的に核膜孔を通過することができ，細胞質から核質に向かっては，細胞質のリボソームで合成された核局在タンパク質，リボソームタンパク質などが核膜孔を通過することができる。

　核膜は，普段は核質と細胞質とを分けているが，細胞が分裂する際には一時，**崩壊**することが知られている。崩壊するというより，正確には細かい膜の断片に分解される。細胞が分裂した後，断片化した膜は再び寄り集まり，核膜を再構築する。このときに重要な役割を担うのは，核膜の内側（核質側）に裏打ちされている**核ラミナ**と呼ばれるタンパク質の層である。細胞分裂の際，核ラミナを構成するタンパク質**ラミン**がリン酸化されると，核ラミナと核膜が分離し，核膜は崩壊する。細胞分裂後，ラミンが脱リン酸化されると，再び断片化した核膜と結合し，核膜の再構築を促進すると考えられている。

第2章 細胞の構造

2-5 細胞小器官たち

ミトコンドリア

　ミトコンドリアは，かつて**好気性細菌**（αプロテオバクテリアの一種と考えられている）が真核細胞の祖先（古細菌の一種と考えられている）と共生したものが進化してできたと考えられる**細胞小器官**であり，細胞の種類によって様々であるが，1個の細胞の細胞質中に数百個から数千個ものミトコンドリアが存在する。

　ミトコンドリアは，細胞核と同じように脂質二重層がさらに二重になった構造で包まれており，外側の二重層を外膜，内側の二重層を内膜という。内膜は，ミトコンドリア内部で複雑に折りたたまれ，表面積が大きく広がるような状態（**クリステ**）となっている。ミトコンドリアは**細胞呼吸**の場であり，内膜には酸化的リン酸化反応により ATP を合成するための電子伝達系が存在することから，表面積を広げてその合成効率を上げているのではないかと考えられる。**解糖**によりグルコースから生じたピルビン酸がミトコンドリアに入ると，ミトコンドリア内で**クエン酸回路**が反応し，そこで生じた NADH を利用して，内膜上にある電子伝達系が動き，1分子のグルコースから34分子もの ATP が合成される。私たち真核生物は，ミトコンドリアが作り出す ATP にその活動を大きく依存しているため，ミトコンドリアの機能が阻害されると死に至る（青酸カリなど）。

　かつては独立した細菌であった名残として，ミトコンドリアには細胞核とは異なる独自の DNA（ミトコンドリア DNA）が存在し，細菌と同じように二分裂して増殖することが知られている。ミトコンドリア DNA は，細菌の DNA と同様に環状構造を呈しているが，独立して生存できるほどの遺伝子数はなく，多くの必須遺伝子は細胞核の（宿主の）DNA に水平移動したと考えられている。一例として，ミトコンドリア DNA を複製する酵素である DNA ポリメラーゼγの遺伝子は，細胞核に存在する。

［第2章］細胞の構造　45

また，ミトコンドリアには DNA と並び，独自のリボソームが存在する。このリボソームは，細胞質に無数にある"宿主の"リボソームとは異なり，rRNA の種類などは細菌のリボソームに近い性質をもつ。

ミトコンドリア DNA には，自己スプライシング作用をもつイントロンが存在するけど，これが，古細菌への共生時にもち込まれた結果，現在の真核生物においてイントロン・スプライシングシステム※が進化したという考え方があるよ。

※ スプライシングシステム…タンパク質合成の過程で，転写で合成された一次転写産物からイントロンが除去されエキソンが統合するシステム。

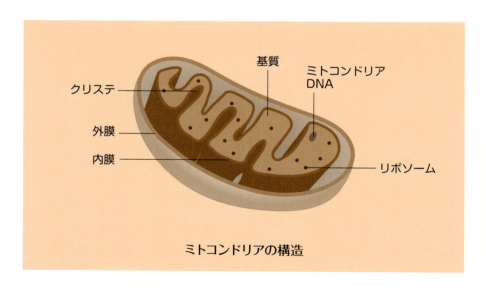

ミトコンドリアの構造

葉緑体

　ミトコンドリアと同様に，**葉緑体**もかつては独立した細菌であった。それは光合成を行う細菌**シアノバクテリア**に近いものであり，これが真核細胞の祖先である古細菌様の細胞に共生し，進化してできたのが葉緑体であると考えられている。

　葉緑体はすべての緑色植物に存在する細胞小器官であり，光合成を行う場である。葉緑体も核膜やミトコンドリアの膜と同様に，脂質二重層がさらに二重になった構造を呈している。その内部には，さらに細かい膜構造がある。葉緑体の内部は，袋状で扁平になった**チラコイド**と呼ばれる構造が無数に積み重なり，**グラナ**という構造を形作っている。このチラコイドの膜に，光合成の最初の反応である光エネルギーを受け止め電子を放出する光合成色素**クロロフィル**が存在し，同時に，その電子を伝達してNADPHとATPを合成する**光リン酸化反応**を行うタンパク質の複合体が存在する。このタンパク質複合体は「光化学系Ⅱ」，「シトクロム b6f 複合体」，「光化学系Ⅰ」と呼ばれ，光を受け止めるクロロフィルが含まれるのは光化学系Ⅱ，光化学系Ⅰである。一方，NADPHとATPを利用して二酸化炭素を固定し，炭水化物を合成する**炭酸固定反応**は，チラコイドではなくミトコンドリアの基質部分で行われる。

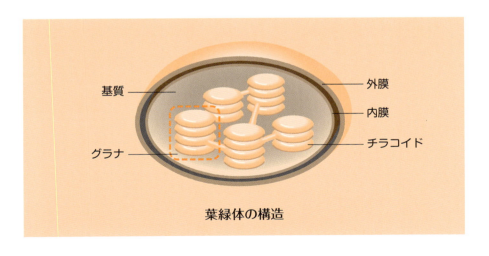

葉緑体の構造

[第2章] 細胞の構造　47

もともと独立した細菌であったことの名残として，葉緑体にもまた細胞核とは異なる独自の DNA が存在し，独自に複製して二分裂し，増殖することが知られている。ミトコンドリアと同様に，葉緑体 DNA もまた，多くの遺伝子が細胞核へと移行してしまっている。たとえば，光合成に必須の遺伝子「RuBisCO」は，大小 2 つ（RbcL，RbcS）のタンパク質を作る rbcL 遺伝子，rbcS 遺伝子からなるが，これらのうち rbcS 遺伝子は葉緑体 DNA ではなく，細胞核にあるゲノム DNA に存在する。

小胞体とリボソーム

　小胞体は，細胞質に存在する，薄い袋のような構造が何層にも積み重なって存在する細胞小器官であり，細胞膜や核膜と同様に，脂質二重層からなっており，小胞体の一部が核膜の外膜とつながっている様子が見られることもある。

　小胞体は，その表面に**リボソーム**（タンパク質合成を行う粒子）を多数結合させ，表面に無数の石ころが並んでいるかのように見えるものと，リボソームを結合させておらず表面が滑らかなものに大別される。前者を**粗面小胞体**，後者を**滑面小胞体**という。

　リボソームは，細胞核で合成された mRNA を認識し，その遺伝情報に沿ってアミノ酸を 1 つずつつなげてタンパク質を合成する役割を果たす粒子状の構造体であり，3~4 種類の **rRNA**（**リボソーム RNA**）と，数十種類のリボソームタンパク質からなる。またリボソームは大小 2 つのサブユニットからなり，**小サブユニットは mRNA** を認識して結合し，**大サブユニットは tRNA**（トランスファー RNA）を呼び込み，アミノ酸を 1 つずつ**ペプチド転移反応**によってつなげていく役割を担っている。

　タンパク質のうち，小胞体自身の膜やゴルジ体の膜，細胞膜などに埋め込まれたり，細胞の外へと分泌されたりするタンパク質がリボソームで合成され始めると，このタンパク質の最初に重合されるいくつかのアミノ酸には**小胞体シグナル**と呼ばれるはたらきがあるため，リボソームごと，細胞外へと分泌される最初の"処理施設"である小胞体の表面に結合する。そうして，合成されたタンパク質は小胞体の内側の空間に放出され，タンパク質の正常な立体構造をとるように折りたたまれ（**フォールディング**），さらに分泌タンパク質としての化学的修飾（**翻訳後修飾**）がなされる。すなわち，分泌タンパク質

や膜タンパク質などを合成しつつあるリボソームがその表面に結合することで，小胞体は**粗面小胞体**となるのである．

　小胞体の内腔で正常な形に折りたたまれ，適切な翻訳後修飾が成されたタンパク質は，小胞体の一部がちぎれるようにして生じた**輸送小胞**に取り込まれ，次の"経由地"であるゴルジ体へと移行する．

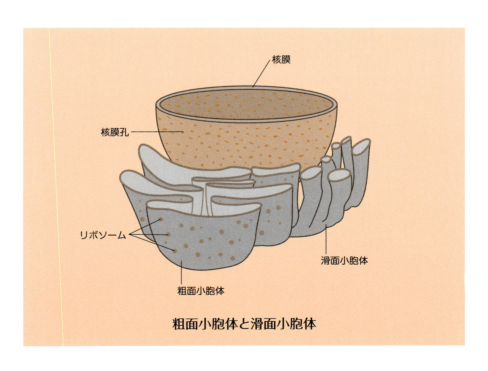

粗面小胞体と滑面小胞体

［第2章］細胞の構造

ゴルジ体

　ゴルジ体もまた細胞質に存在する細胞小器官で，小胞体と同様に，薄い袋のような構造が何層にも積み重なった形をしているが，その存在様態は細胞によって様々である。ゴルジ体の各扁平層（システルネ）の間は，その扁平層から飛び出し，また扁平層へと融合することを繰り返す**ゴルジ小胞**が常に行き来している状態であり，扁平な薄い袋が単に積み重なったものととらえるよりは，脂質二重層からなる様々な形をした袋のネットワークである，ととらえたほうがゴルジ体のダイナミクスを適切に表現していると考えられる。

　ゴルジ体は，小胞体から輸送小胞によって運搬されてきたタンパク質を，細胞外へと分泌するか，それとも細胞内の各膜系（リソソーム，細胞膜，小胞体など）に輸送するかを振り分ける，いわゆる"配送センター"の役割を担っている。タンパク質に，配送先を区別するための"荷札"をつけ，配送するのである。タンパク質は，ゴルジ小胞によるゴルジ体内での物質のやり取りを通じてゴルジ体で濃縮され，糖鎖の付加などの最終的な化学的修飾が行われた後，ゴルジ体からちぎれるようにして飛び出す輸送小胞に乗り，適切な配送先へと運ばれる。

ゴルジ体

様々な小胞・オートファジー

先ほども述べたように，真核細胞の細胞小器官は，細胞膜と同様に脂質二重層からできている。また，小胞体やゴルジ体の機能を見てもわかるように，そうした脂質二重層は，細胞の内外で融合したり解離したりを繰り返すことにより，細胞内外において物質のやり取りを行う重要なシステムとして成り立っている。

そのようなわけだから，真核細胞の細胞内には，こうした細胞小器官以外にも，脂質二重層でできた様々な小胞が存在し，真核細胞の機能に重要なはたらきを担っている。前項までに述べた小胞体，ゴルジ体，細胞膜をつなぐ輸送小胞は，小胞体で合成され，細胞外へと分泌されるタンパク質の"乗り物"として重要であるが，ほかにもたくさんの小胞がある。

ゾウリムシなどの単細胞生物では**食胞**と呼ばれる小胞が発達し，食べたものの消化吸収を司るが，私たち多細胞生物のある種の細胞（食細胞）では，エンドサイトーシス（あるいは貪食作用）によって取り込まれた生体高分子やバクテリア，ウイルスなどは**エンドソーム**（あるいは**ファゴソーム**）と呼ばれる小胞に包まれ，これが**リソソーム**と呼ばれる消化酵素を含んだ小胞と融合することで，中のものが消化される，という過程が存在する。多細胞生物では，マクロファージや樹状細胞が異物を貪食作用により取り込むとこの過程が発動し，消化された異物の一部を細胞表面に提示する**抗原提示**が行われる。

真核生物に広く存在する**オートファジー**（自食作用）というシステムは，タンパク質などの生体高分子が，脂質二重層に包まれた**オートファゴソーム**と呼ばれる小胞に包まれた後，リソソームと融合して分解される過程である。異常タンパク質が処理される場合もあれば，細胞が栄養飢餓などの状態になったときに比較的重要度の低いタンパク質をこのしくみにより分解してアミノ酸にし，より重要度の高いタンパク質の材料とする場合もあると考えられている。このしくみを解明した大隅良典には，2016 年のノーベル生理学・医学賞が授与された。

[第2章] 細胞の構造　51

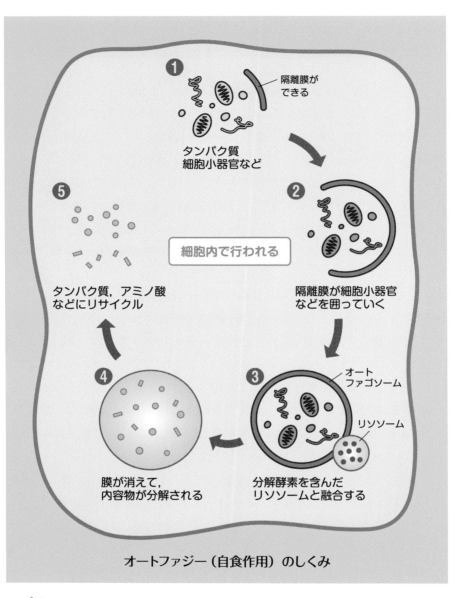

オートファジー（自食作用）のしくみ

真核生物にはペルオキシソームと呼ばれる小胞も存在していて、酸化反応などを司っているよ。

第2章　細胞の構造

2-6 植物細胞に特有の細胞小器官

細胞壁と液胞

　往々にして細胞生物学の教科書には，動物細胞と植物細胞が並べて記載されていることが多い。本書もその例に漏れず，最後に植物細胞にのみ存在する細胞内構造について述べ，この章を終わりにしたいと考える。まず挙げられるのは葉緑体であるが，これについてはすでに 2-5 で述べた。

　植物細胞（ここでは陸上の緑色植物を想定する）は，陸上で時には何十メートルにも及ぶ高さにまで到達する植物を支えるため，いくつもの強力な支持体が存在するが，そのうちの 1 つが細胞 1 個 1 個を取り囲む**細胞壁**である。この構造は動物細胞には存在しない。

　細胞壁は硬い構造であるため，浸透圧の影響をもろに受ける細胞膜とは異なり，外界からの影響をあまり受けない。セルロース，ヘミセルロース，ペクチンなどの多糖類がその主要な構成成分であり，隣接する植物細胞同士を強く結びつけている。したがって，そのような丈夫な構造を備えた植物細胞を高張液に浸すと，浸透圧により水分が細胞外に出て細胞膜はしぼむように見えるが，細胞壁はそのままに維持される**原形質分離**という現象が起こることで知られる。

　原形質分離は，アントシアンと呼ばれる紫色の色素を細胞質中に含む植物，たとえばムラサキオモトなどの細胞で非常に簡単に観察することができるが，この色素は正確には細胞質中にある**液胞**中に存在する。

　液胞は，一重の脂質二重層から取り囲まれた袋状の細胞小器官である。上述したように様々な色素を含むため，花の色などを決める重要な細胞小器官であるといえる。未分化な植物細胞にはほとんど見られないが，成長した植物細胞では大きくなり，時にはその容積のほとんどを液胞が占める場合も見られる。代謝産物の貯蔵，分解，解

[第2章] 細胞の構造　53

毒などを行ったり，細胞に膨圧を与えて細胞の力学的強度を高めたりすると考えられている。なお，液胞は動物細胞にも見られることがある。

動物細胞になくて，植物細胞だけにあるのは，細胞壁と，葉緑体，それに発達した液胞だよ。

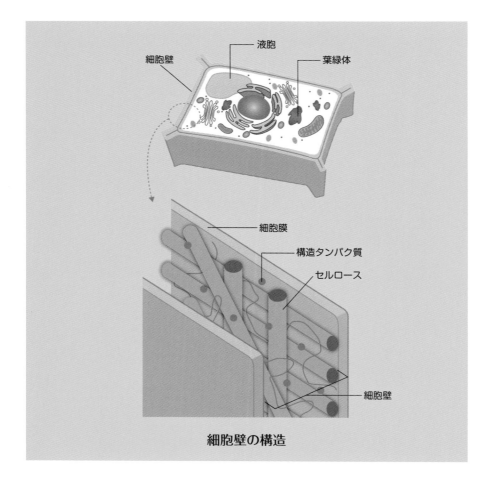

細胞壁の構造

Column 「健康と細胞生物学」

　医学・医療の発展は，細胞を基本とする病気のありようという観点からすれば，細胞生物学の発展に大きく依存していることは理解できる。細胞生物学という基礎科学は「細胞」にかかわるあらゆる事象の解明を目指しており，細胞を基本単位とする私たち人間のありよう，健康，すべての人間科学の基礎をなしている。

　ありていにいえば，人間の健康は「細胞」が担っているといえる。健康をどのように定義するかは難しい問題だが，細胞が本来もっている機能を十分に発揮した結果，体の恒常性が維持され，痛みやかゆみ，疲れなどの異常を感じることなく生活することができている状態，ととらえれば，細胞の機能の正常さが健康につながることは理解できるだろう。

　健康といえば，見た目でよく判断される皮膚のつや・張りがその代名詞であろう。皮膚の状態を維持しているのは，表皮のやや奥の基底膜上に存在する幹細胞である。これが常に分裂を繰り返すことにより表皮細胞が再生産され，皮膚の構造を維持している。また，表皮のさらに下に存在する結合組織には，コラーゲンを産生する線維芽細胞が存在し，それが活発にコラーゲンを産生することで，皮膚の張りを維持している。

　胃腸の調子もまた，健康の1つのバロメーターになっている。特に小腸，大腸のはたらきが正常であるためには，小腸上皮細胞など消化吸収にかかわる細胞の正常なはたらきが重要であるし，さらに大腸のはたらきを維持するためには，大腸上皮細胞のみならず，腸内に生息する幾多の腸内細菌（という名の細胞たち）の状態が"健康的"でなくてはならない。下痢という症状は，腸内細菌叢（腸内フローラ）が変化して，毒素を生産する細菌が増えたり，そうした毒素の影響で腸の分泌液が増えたりすることに起因することが多い。

　健康に生きるためには，肥満や動脈硬化などの生活習慣病は大敵であるが，いずれも体内の細胞たちが，何らかの不可避な行動を起こすことによって引き起こされる。また，がんは，そうした細胞たちが多細胞生物個体全体に対して"反旗を翻した"結果である。

　健康に生きようとするとき，細胞たちの振舞いに目を凝らすことは，非常に重要なことなのである。

［第2章］細胞の構造　55

第3章

多細胞生物の成り立ち

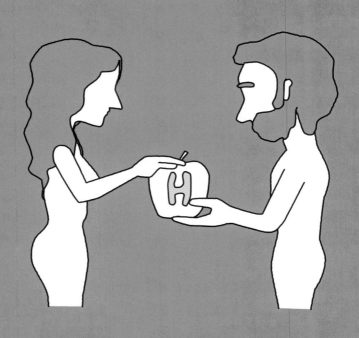

第3章　多細胞生物の成り立ち

3-1 単細胞生物から多細胞生物へ

多細胞化のメリットとデメリット

　生命が地球上に誕生したおよそ 40 億年前から，ゆうに 30 億年ほどの間は，生物の体制はずっと「単細胞」のままであった。原核生物に至っては，現在に至る 40 億年もの間，単細胞生物のままでその生活を送っている。

　単細胞の生き方をやめ，いくつかの生物が集まって「多細胞」の生物として生き始めるようになった最初の生物が現れたのは，今からおよそ 10 億年前であったと考えられている。それは，今からおよそ 19 億年ほど前に誕生した真核生物であった。

　現在真核生物は，アメーボゾア，オピストコンタ，アーケプラスチダ，エクスカバータ，SAR（ストラメノパイル，アルベオラータ，リザリア）などのグループ（巨大系統群，あるいはスーパーグループ）に分類されるが，これらのうち多細胞化することに成功したのは，オピストコンタ，アーケプラスチダのみであり，オピストコンタには**五界説**[※]における動物界ならびに菌界が，アーケプラスチダには五界説における植物界が含まれる。

　なぜ上記スーパーグループのうち特定のもののみ多細胞化に成功したのかについては謎が多いが，単細胞体制にも多細胞体制にも，それぞれメリットとデメリットが存在するため，偶然，多細胞化した生物の生息環境が，多細胞化によるメリットを際立たせたのだろう。

　多細胞化のメリットの最大のものは，多数集まった細胞が「分業」体制を構築することにより，それぞれの機能に特化してより効率的かつ高度な仕事をすることができることである。その最も基本的なものが，体細胞と生殖細胞の分離である。生殖に特化した細胞と，その細胞を守護する細胞との分業は，適した環境における種の存続に，大きな役割を果たしたと考察される。

58　ヤミツキ 細胞生物学

一方，多細胞化のデメリットは，個体のサイズがより大きく，かつその構造が複雑になることによる，生殖と発生の非効率化である。一般的に，単細胞生物よりも多細胞生物のほうが生活環が長く，増殖の仕方も遅い傾向にある。その代わり，有性生殖をたくみに利用することにより，遺伝的多様性の増大というメリットももたらされたといえる。

※ 五界説…すべての生物を5つの界に分ける考え方。モネラ界（原核生物界），原生生物界，植物界，菌界，動物界の5つ。

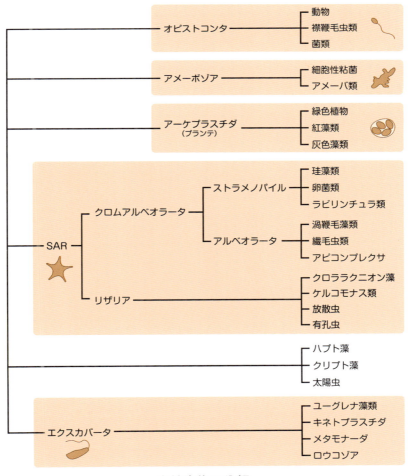

真核生物の分類

群体

　単細胞生物から多細胞生物が進化したとなると，その中間的な性質をもつ生物の存在が想定されることになる。1つの個体を構成する細胞数がいくつ以上のものを多細胞生物とみなすかといった明確な定義は存在しないが，4個とか10個とか，その程度の細胞が集まってできているような生物は，あまり「多」細胞生物とはいわない。その程度の細胞数では，しっかりと細胞間が接着し，しっかりとした分業体制ができているわけではないから，という理由もある。そうした生物は「多細胞生物」とはいわず，**群体**というふうに呼ばれることが多い。

　現在見られる群体が，必ずしも多細胞生物の祖先としての形態を有しているとはいえないが，少なくともそれに似た状態が多細胞生物の祖先として存在していた可能性はある。

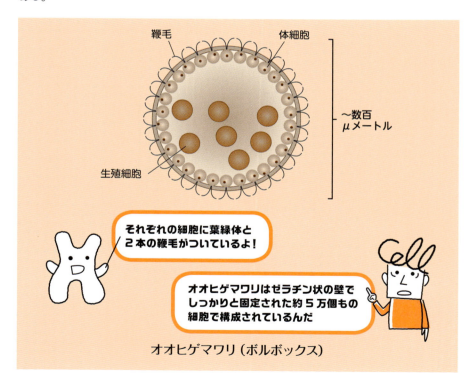

オオヒゲマワリ（ボルボックス）

現在見られる群体として最も有名なのは，緑藻類に分類される「オオヒゲマワリ（ボルボックス）」である。この緑藻類は，クラミドモナスという単細胞緑藻類の仲間であると考えられる細胞が多数集まり，球状の"多細胞体"を形成したもので，その球状構造の内部には，生殖に特化した細胞の集まりが複数個存在する。私たち多細胞生物の「体細胞」に該当する球状構造を構成する細胞同士は，細い架橋構造によってつながれている。

　群体には，このように，単細胞の各個体が原形質によって連結され，いわゆる「有機的な関連」が存在する場合と，有機的な関連が各単細胞個体の間に存在せず，単に殻などによって密集しているに過ぎない場合がある。前者を**真の群体**といい，後者を**偽群体**という。

体細胞と生殖細胞

　オオヒゲマワリで見られる細胞の分業体制は，多細胞生物で見られる分業体制の最も基本的かつ原始的なものであるといえる。すなわち，単細胞生物が多数集まった単なる「群れたもの」というだけでなく，その中で大きな役割として体細胞と生殖細胞という2種類の"役割"をもった細胞の集まりが作られている，ということだ。

　すべての多細胞生物には，この**体細胞**と**生殖細胞**という2つのカテゴリーに分けられる細胞が存在する。生殖細胞は，いうまでもなく次世代の個体を形成するために用いられる細胞であり，**生殖細胞系列**と呼ばれる時間的・空間的な細胞の系譜を構成する。いわば，単細胞生物だった頃から連綿と受け継がれてきた遺伝情報を，さらに子孫世代へと受け渡す役割を果たす細胞が生殖細胞であるといえる。多細胞生物のほとんどには**性**のしくみがあり，異なる2つの細胞を合体させ，遺伝情報を混ぜ合わせることで多様性を生み出すしくみをもっている。生殖細胞はまさにそのための細胞であって，有性生殖生物の根幹であるといえる。

　私たちヒトを含む多くの多細胞生物において，生殖細胞には**卵**と**精子**という2種類のものがあり，それぞれ**雌性配偶子**，**雄性配偶子**ともいう。多細胞生物の進化の当初は，同じような大きさの2個の細胞が合体するという方式だったと思われるが（**同形配**

[第3章] 多細胞生物の成り立ち　61

偶子），現在の卵と精子は大きさも構造もまったく異なる様相を呈している（**異形配偶子**）。

　多細胞生物の個体においては，生殖細胞系列には含まれないすべての細胞が体細胞である。言うなれば外から見える場所にある細胞はすべて体細胞であり，その内部に生殖細胞が囲い込まれているといえる。

　生物にとって生殖こそ，その一生のすべてのエネルギーをつぎ込むべき営みであるから，体細胞は，生殖細胞をいかにして相手（卵にとっては精子，精子にとっては卵）と出会わせるかという重要な役割を担うことになる。そのための様々な戦略を担うのが体細胞であり，生殖（あるいはその先の次世代の形成を含めて）という目的が達成されるまで，生殖細胞ならびに次世代を保護し，そして目的達成のための様々な行動（成長，摂食，求愛，交尾などの様々な行動）を担うのである。

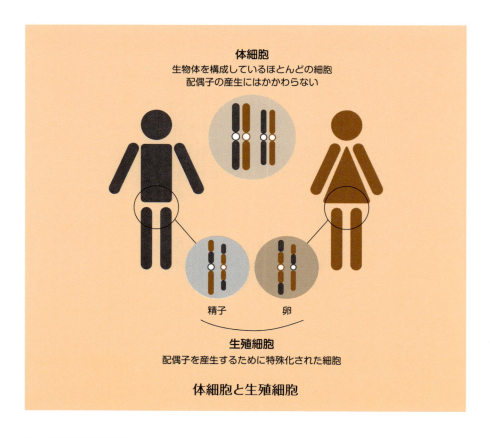

体細胞と生殖細胞

第3章　多細胞生物の成り立ち

3-2 細胞分裂のしくみ

核分裂

1-4で紹介したように，ドイツの細胞病理学者ルドルフ・フィルヒョーが述べた「すべての細胞は細胞から生じる（Omnis cellula e cellula）」という言葉は，「すべての細胞は，細胞の分裂によって生じる」という言い方に置き換えることができる。つまり，細胞分裂はすべての細胞が行う普遍的な活動であり，子孫の形成には欠かすことのできない唯一無二の方法であるといえる。原核細胞と真核細胞ではその方法は若干異なるが，ここでは真核細胞の分裂について述べることにする。

真核細胞における一連の分裂の流れは，前期，前中期，中期，後期，終期，そして細胞質分裂期に大きく分けられる。前五者のステージをまとめて，細胞核に存在する複製（4-3で述べる）した**染色体**（DNAとヒストンが複合体を作ったもの）が2つに分かれる時期であり，**核分裂**と呼ばれる。

前期では，細胞核内に分散していた複製された染色体が凝縮し，顕微鏡下で太めの糸のような構造体として認識できるようになるとともに，複製された**中心体**が細胞の両極へと移動を開始する。

前中期では，細胞核を包み込んでいた核膜が崩壊することで細胞核が見えなくなると同時に，両極へと移動した中心体を中心として**紡錘糸**（微小管でできている）が形成され始め，凝縮した染色体の中央付近に紡錘糸の一部が結合し，**動原体**を形成する。

中期では，凝縮した染色体（中期染色体：よくX字型で表現されるもの）が細胞のほぼ中央付近に配列し，中心体から伸びた微小管の束とともに**紡錘体**と呼ばれる特徴的な構造を形成する。

後期では，こうして細胞の中央に配列した染色体が，微小管ならびにモータータンパク質（微小管の上を移動するタンパク質）のはたらきによって，あたかも細胞の両極

[第3章] 多細胞生物の成り立ち　63

に引っ張られるかのようにして分離する。

　前中期に消失した核膜は，じつは核膜を構成する脂質二重層が細かい小胞に分散した状態になっているだけである（2-4 を参照）。**終期**では，細胞の両極に移動した染色体が脱凝縮を始め，徐々にその太い糸が見えなくなっていくとともに，崩壊して分散していた核膜が再構築され始め，紡錘体が消失する。

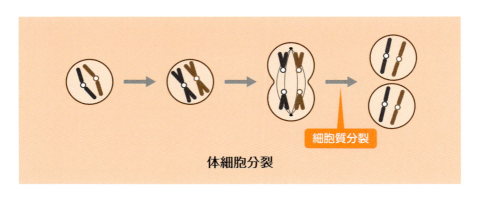

体細胞分裂

細胞質分裂

　核分裂が終わる頃，細胞質分裂が始まる。染色体が 2 つに分かれたそれぞれの極において，前期が始まる前の状態の核が再構築される。このとき，リン酸化されていた核ラミナが脱リン酸化されることで，核膜の再集合が起こる（2-4 を参照）。

　動原体微小管は消失し，細胞の赤道面付近では細胞膜直下に**収縮環**と呼ばれる細胞骨格からなる構造が形成される。この収縮環が，細胞質を絞り切るようにして分裂させ，細胞分裂は終息する。

　ただし，この収縮環による"絞り切り"は動物細胞における細胞質分裂であり，植物細胞ではその方法は若干異なる。植物細胞では，細胞膜がくびれて絞り切られるのではなく，細胞の内部の赤道面付近に，小胞成分が集まって構築される**隔壁**ができる。最終的にこれが細胞膜と細胞壁と融合するようにして，細胞質が 2 つに分かれるのである。

第3章　多細胞生物の成り立ち

₃-**3** 発生のしくみ

減数分裂は特殊な生殖細胞形成過程

　生物の多くは，生殖にあたり**性**と呼ばれるしくみをもつ。性とは，細胞と細胞を接着させ，DNAを交換したり合わせたりすることにより，そうしてできた"子"の細胞が，その"親"の細胞とは異なる遺伝情報の組み合わせをもつようになるしくみを指す。私たちヒトを含む多くの多細胞真核生物がもつ「オス」と「メス」のしくみもそうだが，酵母やゾウリムシなどの単細胞真核生物や，バクテリアの一部もこうした性のしくみをもっている。ここでは私たちに身近な「オス」と「メス」のしくみについて述べる。

　多くの多細胞真核生物は，父親と母親の双方からゲノムを1セットずつ受け継ぐため，通常私たちの細胞にはゲノムが2セット存在する。したがってこうした生物は**2倍体**と呼ばれる。しかし，生殖細胞を作る際には，2セットあるゲノムを1セットにまで減らさなければならない。その生殖細胞形成過程が**減数分裂**と呼ばれる特殊な細胞分裂である。

　精子は精原細胞，卵は卵原細胞から，減数分裂を経由して作られる。減数分裂を行うのは，**一次卵母（精母）細胞**である。これらの生殖母細胞（2n）が分裂し，**二次卵母（精母）細胞**（n）になる過程で，減数分裂が行われる。

　一次卵母（精母）細胞では，通常の体細胞分裂と同様，DNA複製が行われる。したがってDNAが複製された後のこれらの細胞は，見かけ上「4n」となる。この後，通常の細胞分裂では，複製されたDNAが凝縮して中期染色体となり，これがそのまま紡錘体によって両極に引き離されるが，減数分裂ではここで特別な現象がつけ加わる。

　2nの細胞には，父由来，母由来のゲノムが1セットずつ存在するため，それぞれに由来する**相同染色体**が2本存在している。

　減数分裂では，中期に細胞の中央に染色体が整列する際，2本の相同染色体同士

[第3章] 多細胞生物の成り立ち　65

が寄り添うようにぴたりとくっつき合い，**二価染色体**が形成される。二価染色体内では，くっつき合った2本の相同染色体間で**乗換え**（染色体の一部が交換される現象）が起こり，父由来，母由来の遺伝情報が混ぜ合わされる。その後，相同染色体が引き離され，細胞質が分裂する。この過程を減数分裂の**第一分裂**といい，この時点で細胞の核相は，DNAが複製された状態となっているので見かけ上は「2n」だが，相同染色体が2個の細胞に分離されているため，本質的には「n」である。

続いて起こる**第二分裂**では，DNA複製は新たには起こらず，そのまま細胞分裂のみが起こる。その結果，実質的にも核相が「n」となった二次卵母（精母）細胞が生じる。

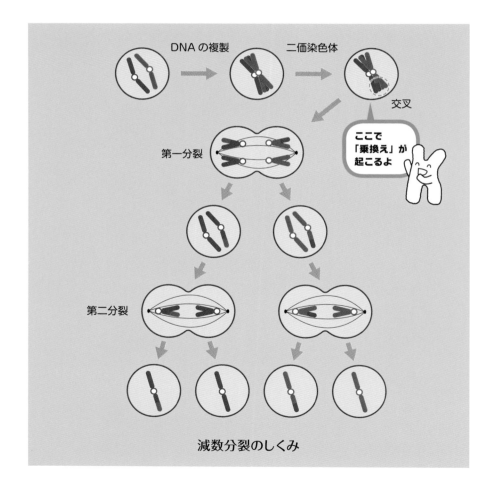

減数分裂のしくみ

細胞周期と卵割

受精卵は，精子を受け入れた卵であるとともに，それ1個が独立した細胞でもある。しかしながらサイズが極めて大きいため，受精卵が通常の細胞分裂（分裂した後，それぞれの細胞が元の細胞と同じ大きさに戻る）をしていては，発生後，極めて大きな個体ができてしまう。そのため受精卵から始まる初期の発生では，通常のそれとは異なり，分裂しても細胞の大きさが元に戻らない特殊な細胞分裂が行われる。このような細胞分裂を**卵割**という。

卵割では，受精卵から2細胞期，4細胞期，8細胞期となるたびに，細胞ひとつひとつの大きさがほぼ2分の1，4分の1，8分の1，という具合に徐々に小さくなっていく。その代わり，胚全体の大きさはほとんど変化しない。

細胞の分裂は，**細胞周期**と呼ばれるしくみにより，一定のリズムを刻むかのように決まった現象が細胞内部に生じ，それによって細胞分裂が起こる。通常の細胞分裂は，**S期**（DNA合成期）ならびに**M期**（細胞分裂期）と，それらの中間に存在する**G1，G2期**で構成されている。Gは「ギャップ」の意味で，その語感だけだと単なる「中休み」的なイメージでとらえられてしまうかもしれないが，実際にはS期もしくはM期で行われる化学反応の準備をしたり，S期もしくはM期に進んでよいかどうかをチェックしたりする（**チェックポイント**と呼ばれる時間的特異点が存在する）重要な期間である。

しかし，卵割にはこうしたギャップ期間が存在せず，S期とM期が交互に連続して現れる。これによって，スピーディーな細胞分裂が可能となり，胚の初期発生が遺漏なく進むといえる。もちろんそれは，受精卵そのものが非常に大きな細胞であり，その後の卵割に必要なすべての"素材"がそろっているから，わざわざギャップ期間を設ける必要がないからでもあろう。

卵割は，動物によって様々な形態をとる。私たち哺乳類では受精卵全体が均等に卵割を繰り返していくが，鳥類や爬虫類，昆虫などでは胚の表面のみが卵割を繰り返す場合がある。前者を**全割**といい，後者を**部分割**という。部分割には，鳥類や爬虫類の**盤割**，昆虫の**表割**などの種類がある。

[第3章] 多細胞生物の成り立ち　67

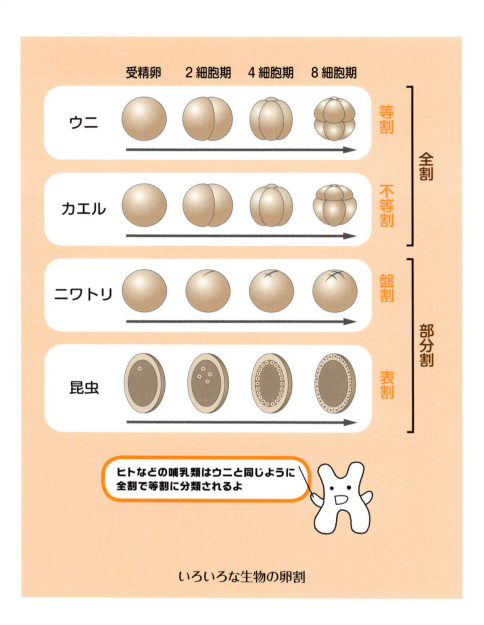

いろいろな生物の卵割

細胞分化とエピジェネティクス

　多細胞生物のメリットには様々なものがあり，もちろんデメリットにも様々なものがあるわけだが，とりわけメリットとして重要なものの1つが，細胞1個ですべての活動をする単細胞生物とは異なり，それぞれの細胞にある特定の役割をもたせ，その役割に特化させることでより高度で効果的な機能を果たすことができるようになり，「その細胞自身が」非常に特殊化した"専門家"になれる，ということだろう。

　受精卵から始まる連続的な細胞分裂は，それが進むごとに，分裂した細胞の性質を少しずつ変えていく。そして，発生しつつある胚が**胚盤胞**となり**内部細胞塊**が形成され，その細胞が分裂を繰り返していくと，徐々にそれぞれの細胞が特徴的な形態，性質へと変化していく。やがてある細胞は神経細胞に，別の細胞は表皮細胞に，そしてまた別の細胞は肝細胞へと変わっていく。こうした，発生においてそれぞれの細胞が機能的・形態的変化を起こし，ある特定の"専門家"になっていく過程を**細胞分化**もしくは**分化**という。

　細胞がどのように分化していくのか，その分子メカニズムは不明な部分がまだ多いが，おおよその答えとして**エピジェネティクス**と呼ばれる過程がかかわっていると考えられている。エピジェネティクスとはDNAの塩基配列やヒストンに生じる何らかの修飾が遺伝子の発現パターンを決定し，細胞分裂により塩基配列が遺伝するとともに，その修飾（あるいは遺伝子の発現パターン）も"遺伝"する現象である。

　分化した細胞（ヒトの場合，200種類以上の細胞へと分化する）が，同じゲノム（同じ遺伝子セット）をもつにもかかわらずなぜその形や機能を変えられるのか。それはひとえに，それぞれの細胞で，「どの遺伝子をどれだけ使い，どの遺伝子を使わないか」が異なっているからである。これは言い換えれば「どの遺伝子を発現させ，どの遺伝子を発現させないか」ということであり，そのために行われるのが遺伝子であるDNA（もしくはそのDNAと結合しているヒストンタンパク質）を化学的に修飾することなのだ。たとえば，ある遺伝子のある部分を**メチル化**すると，その遺伝子は発現しなくなり，ある遺伝子のある部分を**アセチル化**すると，その遺伝子は発現が促進される，といった具合である。こうした修飾が安定的に受け継がれることにより，ある細胞系列は筋細

[第3章] 多細胞生物の成り立ち　69

胞になり，別の細胞系列は造血細胞になるのである。

初めは全部同じ細胞なのに，特定の機能をもつようにそれぞれ変化していくんだね。

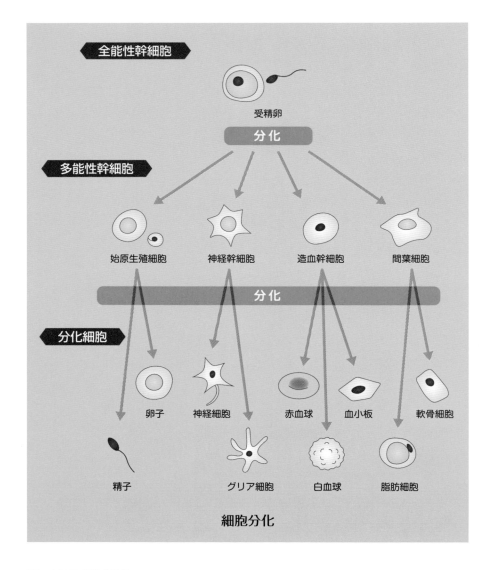

細胞分化

胚葉という分化のルール

　ヒトを始めとする多くの多細胞生物では，卵割の後の胚発生の段階で，細胞が特定の細胞に分化する前に，大雑把（という言い方は語弊があるが）にどのような細胞に分化していく"予定"であるかがわかる。胚において，そのような"予定"を同じくする細胞の集まりの機能的単位を**胚葉**といい，**外胚葉**，**中胚葉**，**内胚葉**に大きく分かれる。

　それぞれの胚葉は，その名の通り，体の外側を中心とした組織，体の内部を中心とした組織，消化管の内側を中心とした組織に，それぞれ分化していくものである。わかりやすい例を挙げると 2-3 でも述べた「ちくわ」である。ちくわの外側の表面が外胚葉，ちくわの穴の内側の表面が内胚葉，そしてちくわの肉そのものは中胚葉，という理解である。脊椎動物のように口と肛門を消化管が結んでいるような動物は，その体の構造をデフォルメしていくと，見事にちくわになるのだ。もちろん，ちくわの穴が消化管である。

　外胚葉に由来するのは，私たちの体の表面を覆う皮膚や，神経組織である。これらの組織は，初期胚から**原腸胚**が形成された際に，内側にくぼんで消化管を作っていく細胞以外の細胞，すなわち胚の表面を覆っていた部分である。外胚葉に含まれる細胞は，皮膚の組織を作っていくのと同時に，**神経板**を経由して**神経管**を形成し，やがて神経組織へと分化していく。

　中胚葉に由来するのは，筋組織や結合組織など，私たちの体の"内部"に存在する組織である。私たち脊椎動物や棘皮動物などが含まれる**新口動物**では，原腸胚で内胚葉と外胚葉の隙間（**原体腔**）にこれらの胚葉を結びつけるような新たな細胞群が生じるが，これが中胚葉であり，やがて筋肉，骨，心臓などへと分化していく。

　内胚葉に由来するのは，口から肛門までを貫く消化器官のうち，その内腔（内側の表面）を覆う上皮組織である。原腸胚では，表面の一部の細胞が内側へと陥入し，奥へ奥へと長い管が形成されるが，この管を形成する細胞たちが，やがて消化酵素を分泌する細胞へと分化し，主に消化管，そして肝臓，肺へと分化していく。

　なお近年では，神経系や筋肉，骨などは，この 3 つの胚葉のいずれかからできるというよりも，**体軸幹細胞**と呼ばれる別の細胞から生じるのではないかとする考え方も提

唱されている。この細胞は，神経系にも，中胚葉にも分化することができるという。

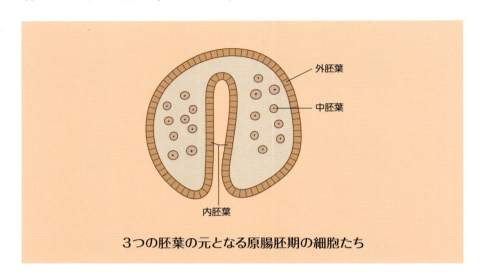

3つの胚葉の元となる原腸胚期の細胞たち

3つの胚葉だけから発生のしくみをとらえるのは，もはや難しくなってきているのかもしれないよ。

発生に必要な遺伝子

　器官の形成は，受精卵から始まる細胞分裂が進行するに伴って，きっちりとした順番に，発生にかかわる遺伝子がそれぞれ決まった様式で発現していくことで，胚全体で整合性をつけながら起こる過程である。この分野は，古くから生物学者の興味の対象となってきたが，動物の発生における器官形成に関して，よく研究されてきたのが**ショウジョウバエ**であった。

　ショウジョウバエの受精卵は，産卵時にはどちらが腹側で，どちらが背側かが決まっている。その胚は，**ビコイド遺伝子**と呼ばれる遺伝子が発現して作られた「ビコイド」タンパク質が，頭部が形成される予定である胚の前方に蓄積される。この状態の卵で

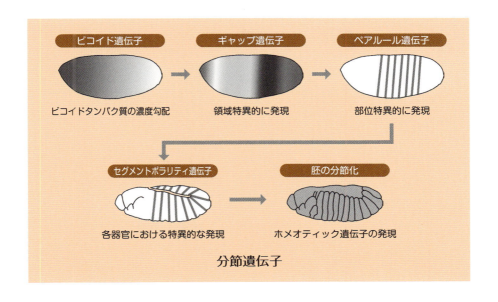

は，細胞質は分裂せず，核だけが分裂を繰り返して「多核体」になった後，核が多核体の表面へと移動し，そこで細胞質が区切られる。この時期が**胞胚**である。この時点で，胚の前方の細胞にはビコイドタンパク質の量が多く，後方の細胞には少なくなり，これにより，どちらが前（頭部側）でどちらが後（腹部側）かの，いわゆる**前後軸**が決定される。ビコイドタンパク質のほかにも，ナノス，ハンチバックなどのタンパク質にも濃度勾配が生じ，前後軸の決定に関与する。このように，胚の前後軸などの，いわゆる"位置情報"を，その濃度勾配によって胚発生に活かすような分子を**モルフォゲン**という。

　この時期には，胚表面の各細胞で異なる遺伝子が発現し始め，徐々に体の各部が決定され始める。こうした遺伝子を**分節遺伝子**という。その1つ**ギャップ遺伝子**は，ビコイドタンパク質の量によって発現するかしないかが決まり，さらにこれも分節遺伝子の1つ**ペアルール遺伝子**は，ギャップ遺伝子の発現の状態によってどこで発現するかが決まり，さらに分節遺伝子の1つ**セグメントポラリティ遺伝子**は，ペアルール遺伝子の発現の状態によってどこで発現するかが決まる。セグメントポラリティ遺伝子が発現すると，胚の前後軸に沿って14本の帯状の構造（**擬体節**）が見られるようになり，続いて形成される**体節**の基本となる。

ホメオティック遺伝子とは

　さて，体節が頭部，胸部，腹部になるとき，**ホメオティック遺伝子**と呼ばれる一群の調節遺伝子が発現する。ホメオティック遺伝子群には8つの遺伝子が含まれ，**ホメオドメイン**という60残基のアミノ酸部分をコードする共通領域をもつ。この8つのうち，頭部から胸部の形成にかかわるものを**アンテナペディア**複合体，胸部から腹部の形成にかかわるものを**バイソラックス**複合体という。なお，ホメオティック遺伝子群は，ショウジョウバエでは第3番染色体に一並びに並んで存在しており，面白いことに，その発現がかかわる頭部から腹部までの体節と同じ並び方で，染色体上に並んでいる。

　ホメオティック遺伝子群は，ショウジョウバエだけでなく，私たち哺乳類でも研究が進んでいる。

　ヒトを含めた私たち哺乳類のホメオティック遺伝子群は，4本の染色体のそれぞれに13種類の遺伝子が位置していることがわかっており，この13種類のホメオティック遺伝子群を，合わせて**クラスター**と呼ぶ。ただし，4つあるクラスターのそれぞれにおいて，13種類の遺伝子のすべてがそろっているわけではない。

　6番染色体にあるクラスターでは8番目と12番目のホメオティック遺伝子がなく，11番染色体にあるクラスターでは10~12番目のホメオティック遺伝子が存在しない。また15番染色体にあるクラスターでは1~3番目ならびに7番目のホメオティック遺伝子が存在せず，2番目の染色体にあるクラスターでは2番目ならびに5~7番目のホメオティック遺伝子がない。

　哺乳類の場合も，ショウジョウバエと同様に，ホメオティック遺伝子の発現は発生初期に見られる体節（**原体節**）の形成にかかわっており，各体節から発生する脊椎骨，四肢の指，その他の筋組織などの発生に深くかかわっていることが知られている。

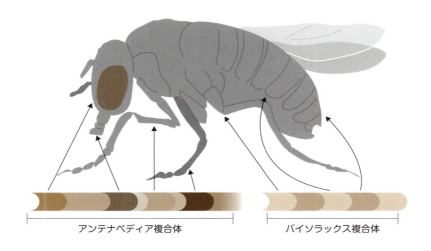

ショウジョウバエのホメオティック遺伝子

胎盤と哺乳類の発生

　この節では，私たち哺乳類における発生について見ていきたい。

　哺乳類，とりわけその多くを占める有胎盤類が，他の脊椎動物とその発生過程において大きく異なるのは，**胎盤**の形成がその発生過程に非常に重要な役割を果たすからであろう。ここでは最も身近な哺乳類・私たちヒトにおける発生過程を見ていこう。

　卵割が進み，表層の細胞(**栄養膜**)と，その内部に空間(といっても液体が充満している)が存在し，ある側に一定の細胞の塊(**内部細胞塊**)が存在する状態である**胚盤胞**となった頃，胚は子宮に着床する(受精後6日目)。この頃の細胞数は数百に達している。内部細胞塊はやがて胎児へと成長し，栄養膜はやがて胎盤を形成する一部となる。受精後12日目には，胚盤胞は**子宮内膜**に入り込み，**卵黄嚢**，**羊膜**，**羊膜腔**，**胚盤葉**，**胚外中胚葉**が形成される。

栄養膜は，受精後8日目頃には，胚盤胞と子宮内膜の間で，**栄養膜合胞体層**と**栄養膜細胞層**の2つの層に分かれる。前者は細胞と細胞の結合が明瞭ではなく，後者は明瞭な層である。この2つの膜が共同し，やがて胎盤の最も重要な構造物**絨毛膜**を作る。

　絨毛膜は徐々に発達し，内部に毛細血管を蓄えた**絨毛**を形成する。同時に母体側の組織には，母体血管が開いて血液が噴出する間隙が生じ，その中に絨毛が林立した状態の組織が作られていく。この組織が**胎盤**である。絨毛の表面は**シンチジウム**と呼ばれる，細胞が融合してできた薄い膜で覆われ，この膜を通じて母体血と，絨毛内の胎児の血液との間でガス交換，老廃物交換，栄養物交換が行われる。

　胎盤は，哺乳類に特有の器官であるが，鳥類や爬虫類にはその"萌芽"が見られる。硬い殻（卵殻）で覆われたこれらの卵の中では，胚が**漿膜**，**尿膜**，**羊膜**，**卵黄嚢**という4種類の**胚体外膜**によって覆われている。このうち尿膜は，老廃物を貯蔵しておく袋状の物質であり，鳥類では漿膜と一緒になって**尿漿膜**を形成する。この尿膜が，私たち哺乳類において"転用"して作られたのが胎盤である。

　尾籠なたとえ話で恐縮だが，老廃物が貯蔵されていた「汲み取り式トイレ」が，常に老廃物が流れ去る「自動水洗トイレ」になったようなものだろう。

76　ヤミツキ 細胞生物学

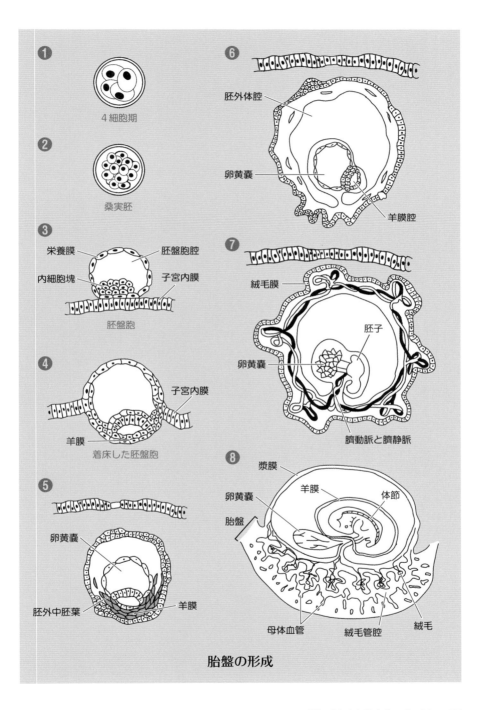

胎盤の形成

第3章　多細胞生物の成り立ち

3-4 細胞と細胞の相互作用

細胞と細胞の"意思疎通"

多細胞生物を構成するそれぞれの細胞は，お互いに協調してはたらく必要があるため，常に何らかの相互作用を行っている。

上皮組織などの組織では，同じ種類の細胞が密に細胞膜同士をくっつけ合っているが，ただ単にくっついているわけではなく，特殊なつながりによってお互いの細胞質の間で物質をやり取りしていることが知られている。

動物の，ある種の細胞と細胞の間には**ギャップ結合**と呼ばれる結合が形成される。これはチャネルと呼ばれるタンパク質の複合体により，隣接する細胞膜同士をつなぎ，橋渡しをすることで，細胞質の物質をやり取りするしくみである。また，植物細胞では**プラスモデスム**と呼ばれる結合が形成される，ギャップ結合と同じように，隣接する植物細胞同士が細い細胞質でできた通路によってつながり，細胞質の物質をお互いにやり取りすることができる。

こうした直接的なつながりだけでなく，多細胞生物の細胞は，様々な相互作用のための道具を備えている。免疫系の細胞に代表されるものに，ある種のシグナル分子を細胞表面に提示し，それを別の細胞の細胞膜上にある受容体に結合させることで，何らかの情報をその細胞に伝えるというものがある。いわゆる細胞接触型で，マクロファージや樹状細胞が，抗原をT細胞などに提示する場合に用いられる（3-6 も参照）。

また神経細胞などは，細長い軸索を介して，遠くの標的細胞に情報を伝えることができる。

ホルモンは，ある細胞から分泌され，遠く離れた場所にある別の細胞の受容体に受け止められる低分子物質である。このようなしくみを**内分泌**（**エンドクライン**）という。一方**サイトカイン**は，細胞間情報伝達のために分泌されるタンパク質で，そのうち免疫

78　ヤミツキ 細胞生物学

系の細胞（リンパ球など）の間でやり取りされるものが**インターロイキン**と呼ばれる。

また成長因子などは、ある細胞が分泌したものが、近傍に存在する組織の多数の細胞にはたらきかけ、これらの細胞分裂を促進する。このようなしくみを**パラクライン**（傍分泌）というが、ある細胞が分泌したものが自分自身、あるいは同種の細胞にはたらきかける場合もあり、その場合を**オートクライン**（自己分泌）という。

様々なしくみを介して、私たち多細胞生物の細胞は、お互いに密接に連絡を取り合いながら、多細胞生物という複雑なシステムを動かしているんだね。

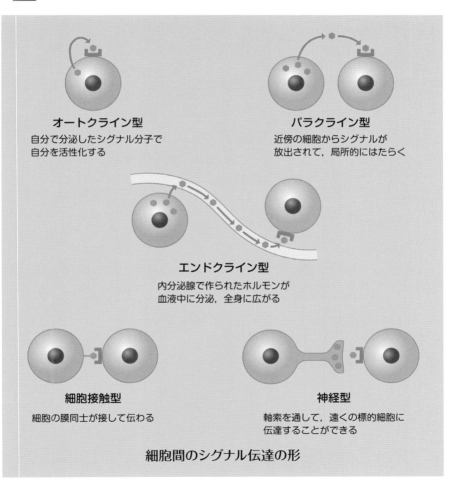

オートクライン型
自分で分泌したシグナル分子で自分を活性化する

パラクライン型
近傍の細胞からシグナルが放出されて、局所的にはたらく

エンドクライン型
内分泌腺で作られたホルモンが血液中に分泌、全身に広がる

細胞接触型
細胞の膜同士が接して伝わる

神経型
軸索を通して、遠くの標的細胞に伝達することができる

細胞間のシグナル伝達の形

[第3章] 多細胞生物の成り立ち

第3章 多細胞生物の成り立ち

3-5 神経細胞のはたらき

活動電位と神経伝達物質

　私たち人間が，他の生物と大きく異なることというと，ほとんどの人が「発達した大脳をもっていること」「知性をもつこと」などを挙げるに違いない。**大脳**とは，いわゆる**神経組織**からなる器官で，いわば，神経細胞の集まりが極端にシステム化したもの，ととらえることができるだろう。大脳の機能の単位は，神経細胞というひとつひとつの細胞であるといえる。

　神経細胞（**ニューロン**）の典型的な形は，その本体である**細胞体**と，細胞体から長く伸びた突起である**軸索**からできているという，まるで SF 小説か何かに出てくる宇宙人であるかのような形をしている。軸索には，神経細胞の興奮をその軸索の先にある別の神経細胞へと伝える役割をもっており，長いもので 1 メートルにも達する（坐骨神経）。細胞体からは複数の**樹状突起**が突き出ており，他の神経細胞から伸びた軸索がここに結合し，その興奮を受け取るなどのはたらきをする。

　軸索上での興奮の伝達は，**活動電位**という一過性の電位変化による。細胞には，細胞膜の内外でナトリウムイオンとカリウムイオンの濃度差によって決められる電位の差，すなわち**膜電位**が存在している。神経細胞が興奮していないときの膜電位を**静止電位**という。神経細胞が興奮すると，細胞膜上のナトリウムチャネルが開き，ナトリウムイオンが細胞内へと流入し，静止電位だったときの電位が逆転する。これが活動電位である。この活動電位が，隣のナトリウムチャネルに影響を及ぼし，ナトリウムイオンの細胞内への流入を促進する。これが次々に伝わっていくのである。

　今しがた述べたように，軸索の先端は，隣の神経細胞の細胞体（の樹状突起）と接している。この接している部分を**シナプス**といい，完全にぴったりとくっついているわけではなく，**シナプス間隙**と呼ばれる空間がある。ある神経細胞の興奮は，**神経伝達物**

80　ヤミツキ 細胞生物学

質と呼ばれる物質によって隣の神経細胞へと伝わる。**アセチルコリン**，**ノルアドレナリン**などがよく知られた神経伝達物質である。この間隙にこうした神経伝達物質が放出され，隣の神経細胞の樹状突起の受容体で受容されることを通じて，神経細胞同士の情報伝達が行われるのである。

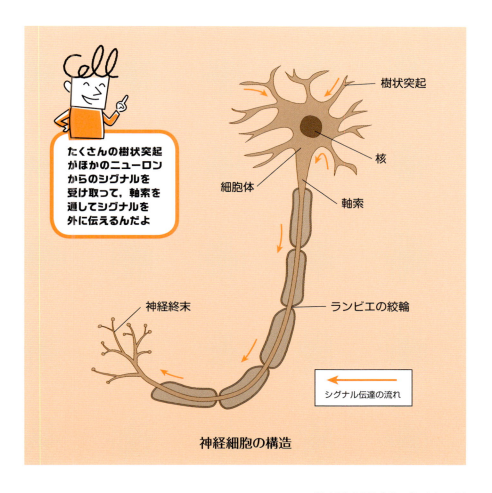

神経細胞の構造

3-6 免疫系のはたらき

免疫細胞

　私たちの体の中にあって最も"活動的"な細胞とは何だろう。多細胞生物の細胞というと，いつもそこにじっとしていて，ひたすら自らに課せられた役割を果たしているといったイメージがあるのではないだろうか。確かにほとんどの細胞はそうである。肝細胞

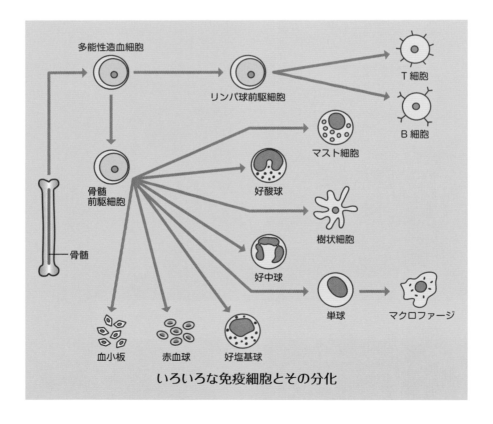

いろいろな免疫細胞とその分化

も神経細胞も筋細胞も，体のそこにいて，ひたすら役割を果たしている。ところが，そうした多細胞生物の細胞の中にあって，ひときわ活動的で（正確には活動的に見えて），まるで単細胞生物であるかのように振舞う細胞たちがいる。血液細胞，その中でもとりわけ**免疫系**の細胞たちだ。

血液には**赤血球**，**白血球**，**血小板**などの血液細胞があるが，このうち白血球は免疫細胞としてはたらく細胞である。白血球には**リンパ球（ナチュラルキラー細胞，T 細胞，B 細胞）**，**好酸球**，**好中球**，**好塩基球**，**マクロファージ（単球）**，**樹状細胞**，**マスト細胞**など様々な種類があり，それぞれ免疫細胞としての役割を担っている。

自然免疫と獲得免疫

上皮組織を破って病原菌などの異物が体内に侵入すると，まず**自然免疫**と呼ばれる免疫システムが作動する。言ってみれば，マクロファージや樹状細胞などによる異物の**食作用**である。さらにマクロファージから放出される物質によって白血球最大の勢力（50~70%）である好中球が呼び寄せられ，その食作用によって多くの異物が排除される。

しかし，この自然免疫では異物が排除しきれない場合，たとえばウイルスや細菌など増殖力が旺盛な異物が進入した際には，自然免疫では排除しきれない場合がある。そんなとき，もう 1 つの免疫システムである**獲得免疫（適応免疫）**が作動する。マクロファージや樹状細胞は，異物を食べると同時に，その一部（タンパク質など：抗原と呼ばれる）を細胞表面に露出させる（**抗原提示**という）。すると，数ある中からこの抗原を認識できるリンパ球（**ヘルパー T 細胞**）だけが活性化，増殖し，**細胞傷害性 T 細胞**の活性化や B 細胞の活性化などを引き起こす。その結果，細胞傷害性 T 細胞による異物の攻撃が起こったり，B 細胞が**抗体産生細胞**に変化して大量の**抗体**を産生し，その抗体による異物の攻撃が起こったりするのである。

私たちは，生まれたときから，外界から侵入するあらゆる異物を認識できるリンパ球のレパートリーをすでにもっており，侵入した異物を認識してこのような反応を起こすことができる。

自然免疫いろいろ

獲得免疫いろいろ

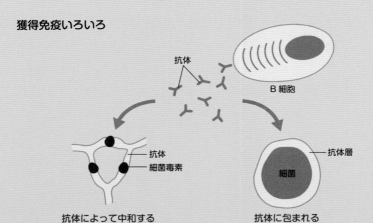

いろいろな免疫系のはたらき

第4章

分子のメカニズム

第4章 分子のメカニズム

4-1 細胞内の分子たち

細胞の内部の分子

　細胞は生物の基本単位であるという言葉からもわかるように，それ単独で1個の生物であるといえるから，その内部には生物として成り立つためのひとそろいの分子が無数に存在している。最も大量に存在する分子は**水分子**であり，ほとんどの分子の溶媒として，また化学反応の重要な一員として重要な役割を果たしている。

　細胞内部では様々な化学反応が日々，時々刻々と途切れることなく行われており，その結果エネルギーを作り出したり，細胞の構造を維持したり，分裂したりすることができる。そうした化学反応の触媒としてはたらくのが**酵素**であり，そのほとんどは**タンパク質**である。さらに，細胞の構造を維持する細胞骨格などもタンパク質でできており，細胞内分子の多くをタンパク質が占めているといえるほど，タンパク質は細胞にとって重要な分子である。

生体高分子

　細胞内には様々な**生体高分子**が存在する。細胞が細胞としての機能を維持し，そのはたらきを遂行するためには **DNA** が必要である。DNA は**遺伝子**の本体として機能する細長い分子であり，真核生物の場合は細胞核に，原核生物の場合は核様体に存在している。DNA がなければ，新たなタンパク質を合成することができず，細胞は生きることができない（赤血球などの例外はある）。

　遺伝子をもとにしてタンパク質を作るためには **RNA** という分子が必要である。RNA は DNA とよく似た分子だが，DNA のように遺伝子の本体としては機能せず，むしろ

86　ヤミツキ 細胞生物学

遺伝子からタンパク質が作られる様々な過程に関与している。

　細胞膜を始め，真核生物における脂質二重層の重要性はすでに 2-3 で述べたが，その主要成分である**リン脂質**は，脂質の一種である。また**コレステロール**などの脂質は，細胞膜の流動性を維持するのに不可欠である。

　糖質は，でんぷんなど高分子のエネルギー貯蔵物質として有名だが，細胞の機能にも重要な役割を果たす。とりわけ細胞膜には，タンパク質に糖質が結合した**糖タンパク質**が非常に多く存在し，細胞と細胞との接着，細胞間コミュニケーションなど，細胞の様々な機能に重要な役割を果たしている。

> その他細胞内には，こうした生体高分子の材料となるアミノ酸，ヌクレオチドなどの低分子物質や，各種イオン（マグネシウムイオン，カルシウムイオンなど）が数多く存在し，細胞の機能の一部に重要な役割を果たしているんだ。

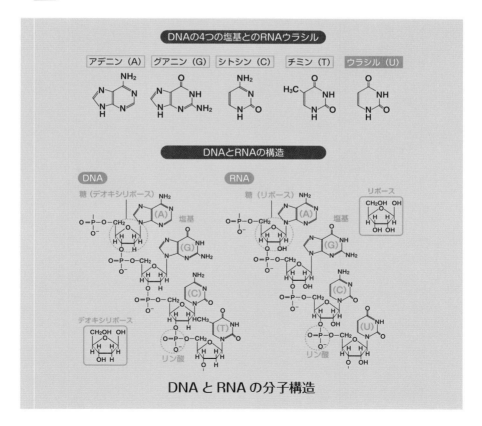

DNA と RNA の分子構造

[第4章] 分子のメカニズム

DNAの構造

DNA（deoxyribonucleic acid：**デオキシリボ核酸**）ならびにRNA（ribonucleic acid：**リボ核酸**）を総称して**核酸**（nucleic acid）という。その名の通り，細胞の核の中にある酸性物質として，スイスの生化学者フリードリヒ・ミーシャーにより，1869年に発見された。ミーシャーは，病院から手に入れた患者の包帯に付着した膿から，リンを含む新たな物質を発見し，これに「ヌクレイン」という名前をつけた。この物質が，1889年，ドイツの生化学者リヒャルト・アルトマンにより核酸という名に改められた。その後，20世紀に入ってからアメリカの生化学者フィーバス・レヴィーンにより，核酸にはDNAとRNAがあることが明らかとなった。

DNAは，**デオキシリボース**と**リン酸**が**ホスホジエステル結合**により交互に長くつながり，各デオキシリボースには1個ずつ**塩基**と呼ばれる物質が結合した物質である。DNAの構成単位はデオキシリボース，リン酸，塩基からなる**デオキシリボヌクレオチド**であり，これが鎖状に長くつながったものである。通常生体内では，DNAは2本の鎖が塩基同士の**水素結合**を通じて抱き合うように結合した2本鎖構造を呈している。この2本鎖構造は，全体的に見るとらせん構造を呈しているため，DNAの**二重らせん構造**とも呼ばれ，1953年にアメリカの生物学者ジェームズ・ワトソンとイギリスの物理学者フランシス・クリックにより明らかにされた。

2本鎖を形成する塩基と塩基の水素結合は，**相補性**と呼ばれる性質により成り立つ。これは，**アデニン**と**チミン**が2個の水素結合を介して結びつき，**グアニン**と**シトシン**が3個の水素結合を介して結びつくもので，このペア（**塩基対**）は厳密に決まっている。したがって，一方のDNA鎖の塩基の並び順（**塩基配列**）が決まれば，もう一方のDNA鎖の塩基配列も自動的に決定される。このしくみを利用して，DNAは容易に**複製**することができるのである。そしてこの塩基配列の一部が，「遺伝子」としてはたらく（4-3参照）。

原核生物では，DNAは細胞内のある一定の領域に固まって存在し，核様体を形成する。一方，真核生物では，DNAは細胞核内に存在し，ヒストンタンパク質と複合体を形成し，クロマチンと呼ばれる構造を形成している（2-4も参照）。

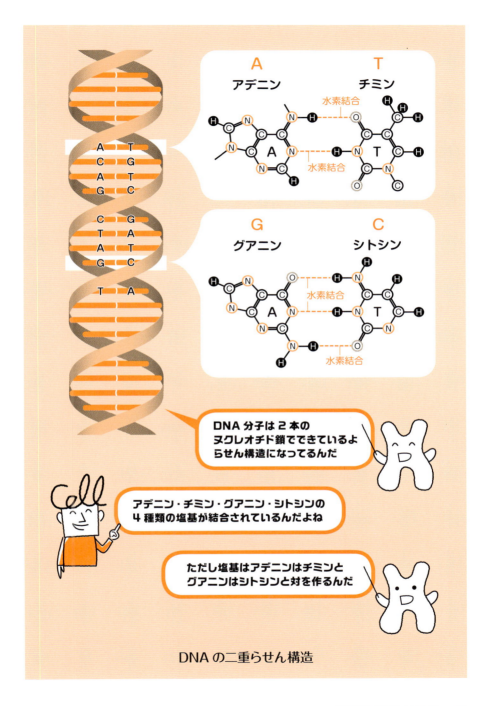

DNAの二重らせん構造

RNA のはたらき

　前項で述べたように，DNA はすべての生物において，その遺伝子としてはたらく重要な核酸である。遺伝子としてはたらくというのは言い換えると，DNA はタンパク質の設計図である，ということである。遺伝子を設計図としてタンパク質を作るためには，じつは DNA だけでなく，もう 1 つの核酸である RNA が必要である。

　RNA は，DNA がその構成材料としてデオキシリボースを用いているのとは異なり，**リボース**を構成糖としてもっている。また RNA は，DNA が塩基としてチミンを用いている代わりに，**ウラシル**を用いている。そして RNA は，通常は DNA のような二重らせん構造を呈していない（呈する場合もある）。これらの違いはあるものの，そのはたらきに塩基配列が重要であること，塩基と塩基の相補性が重要な意味をもつことなどは，DNA と変わらない。

　先述したように RNA は，タンパク質が作られる際に重要な核酸である。その際，**メッセンジャー RNA（mRNA）**，**トランスファー RNA（tRNA）**，**リボソーム RNA（rRNA）**がそれぞれ重要な役割を果たす。

ノンコーディング RNA

mRNA
メッセンジャー RNA とも呼ばれ，リボソームに DNA の情報を伝える

rRNA
リボソーム RNA とも呼ばれ，リボソームの一部となりタンパク質合成にかかわる

tRNA
トランスファー RNA とも呼ばれ，タンパク合成で mRNA とアミノ酸を結ぶ役割をもつ

低分子 RNA
mRNA 制御，mRNA スプライシング，タンパク質の小胞体輸送などにはたらく

RNA いろいろ

90　ヤミツキ 細胞生物学

mRNAは，DNAの塩基配列のうち遺伝子部分の塩基配列が**RNAポリメラーゼ**によってコピー（**転写**）されてできるRNAで，遺伝子の塩基配列を，細胞質に存在するタンパク質合成装置「**リボソーム**」にまで「伝える」役割をもつ（だからメッセンジャーと呼ばれる）。tRNAは，そのリボソームに，タンパク質の材料である**アミノ酸**を運びこむ役割をもち，rRNAはリボソームの構成成分として，アミノ酸同士をつなげて**ペプチド結合**を形成するための触媒としてはたらくなどの重要な機能を有する。

21世紀になってから，細胞内にはほかにも様々なRNAが存在し，それぞれ重要な機能を果たしていることが明らかとなってきた。とりわけ近年研究が進んでいるのが**マイクロRNA**（**miRNA**）である。マイクロRNAは，20ヌクレオチド程度の短いRNAであり，ゲノムにあるマイクロRNA遺伝子から転写される。それぞれ相補的に結合できるmRNAがあり，それと相補的に結合することによりmRNAの分解を誘発することで，遺伝子発現全体をコントロールしていると考えられている。

近年では，これらRNA以外にも，様々な低分子RNAが細胞内にあり，いろいろな役割を果たしていることが知られるようになってきた。

こうしたRNAのように，タンパク質には**翻訳**されず，自ら機能をもってはたらくRNAを**ノンコーディングRNA**という。

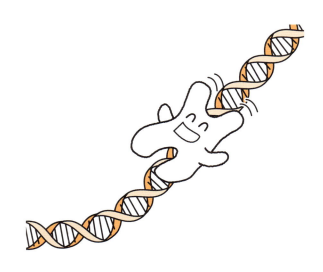

タンパク質とアミノ酸

タンパク質は、すべての細胞を形づくる重要な物質であり、かつ生体内で起こる化学反応を触媒する、生命現象に不可欠な**生体高分子**である。

タンパク質には、化学反応を触媒する**酵素タンパク質**、筋肉の収縮に関与する**収縮タンパク質**、アルブミンなどの栄養物質を運搬する**運搬タンパク質**、細胞骨格などの構造を作る**構造タンパク質**など、いくつかの種類に大別される。

アミノ酸の基本構造

DNA がヌクレオチドを単位として構築されているように、タンパク質は**アミノ酸**を単位として構築されている。生物のタンパク質を構成するアミノ酸は現在のところ 20 種類であり、原則として、これはすべての生物に共通である（特殊なアミノ酸を用いる生物もいる）。アミノ酸は、1 つの分子にアミノ基とカルボキシ基をもつ低分子物質であり、その種類は側鎖（R と表記する）の種類によって決まる。20 種類のアミノ酸は、94 ページ表のように 1 文字で表記する方法と、3 文字で表記する方法がある。そしてこの 20 種類のアミノ酸の配列が、タンパク質の種類を決定していることになる。アミノ酸同士がペプチド結合でつながり、そうしてできるアミノ酸が長くつながった物質は**ポリペプチド**と呼ばれるが、タンパク質によっては、アミノ酸からできたポリペプチド鎖に、糖質などの修飾分子が結合することもある。

タンパク質は、原核細胞、真核細胞ともに、細胞内に無数に存在する**リボソーム**で

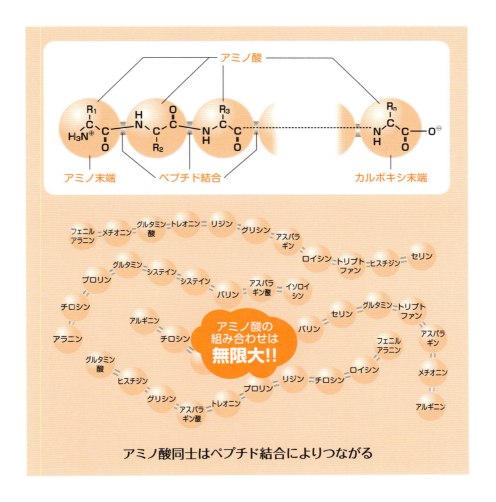

アミノ酸同士はペプチド結合によりつながる

合成される。このうち細胞内ではたらくタンパク質は，細胞質内に遊離して存在するリボソームにより合成され，細胞外に分泌されるタンパク質は，小胞体に付着して**粗面小胞体**を形成したリボソームにより合成される（2-5 も参照）。

　細胞内にはあらゆる場所にタンパク質が存在している。細胞膜には，脂質二重層に埋め込まれた様々なタンパク質が存在し，細胞外からのシグナルの細胞内への伝達，細胞間接着などにかかわっている。細胞質には，アクチンフィラメントやチューブリンなどのタンパク質が無数に張り巡らされ，**細胞骨格**を形成している。細胞核の表面には核膜があり，**核膜孔タンパク質**が細胞核内外の物質の輸送などにかかわっている。細

表記法	略号	名称
K	Lys	リジン
R	Arg	アルギニン
H	His	ヒスチジン
D	Asp	アスパラギン酸
E	Glu	グルタミン酸
S	Ser	セリン
T	Thr	トレオニン
N	Asn	アスパラギン
Q	Gln	グルタミン

表記法	略号	名称
A	Ala	アラニン
G	Gly	グリシン
V	Val	バリン
I	Ile	イソロシン
L	Leu	ロイシン
F	Phe	フェニルアラニン
Y	Tyr	チロシン
W	Trp	トリプトファン
M	Met	メチオニン
C	Cys	システイン
P	Pro	プロリン

アミノ酸表記法

胞核内には **DNA 結合タンパク質**，遺伝子発現や DNA 複製にかかわる無数のタンパク質が，そして細胞質内にも細胞の代謝など様々な機能にかかわる無数のタンパク質が存在し，それぞれ重要な役割を果たしている。

要するに，細胞の構造はタンパク質によって維持され，細胞の機能もまたタンパク質によって遂行されているということなんだ。タンパク質がなければ細胞は存在しえないんだよ！

脂質——悪者ではない効率のよいエネルギー

脂質は，細胞膜の主成分でもある非常に重要な生体高分子であり，エネルギー代謝にも重要な役割を果たし，また貯蔵脂肪として余分なエネルギーの貯蔵にもあたって

いる。脂質というと，肥満との関係から「悪者」扱いされることが多く，その中でも特にコレステロールの扱いは酷いものだ。確かに肥満の実態は中性脂肪の蓄積であるし，過度な蓄積自体は体に悪影響を及ぼす。しかしそれは，あくまでも現在の先進国のように食糧があり余っている社会においてであって，本来脂質は，効率のよいエネルギー貯蔵物質として，生物にとって重要な役割を果たしてきたのである。

一口に「脂質」といっても様々な種類のものがある。一番身近なのは**中性脂質**と呼ばれるもので**グリセロール**に脂肪酸がいくつか結合したものである。中性脂質の多くは，グリセロールに3分子の脂肪酸が結合した**トリアシルグリセロール**である。これが私たちを悩ます「脂肪」の主成分であるが，ここで特に重要なのが**脂肪酸**だ。脂肪酸の質が，トリアシルグリセロールの質，すなわち脂肪の質を決める。脂肪酸には大きく分けて**飽和脂肪酸**と**不飽和脂肪酸**がある。

親水性と疎水性の両方をもちあわせた脂質とコレステロール

生体内で特に重要な脂質は，細胞膜の主成分となっている**リン脂質**である。リン脂質は，グリセロールにリン酸と，2分子の脂肪酸が結合した脂質である。リン酸が親水性，脂肪酸が疎水性であるため，リン脂質は**両親媒性**の物質であり，そのため細胞膜における脂質二重層の形成が可能になる。リン脂質を構成する脂肪酸に不飽和脂肪酸が多いと，細胞膜の流動性が高まり，細胞の活動にもよい影響が出ると考えられている。

コレステロールは，「悪玉」などと呼ばれることが多い脂質だが，細胞膜の構成脂質でもあり，その活動に重要であると考えられている。さらにコレステロールは，ビタミンDの前駆体としても知られる。

糖質——エネルギー源として知られる炭素化合物

糖質は，栄養学的には**炭水化物**ともいう炭素化合物で，その状態によって**単糖**，オ

[第4章] 分子のメカニズム　95

リゴ糖，多糖に分類される。最も有名な糖質はでんぷんであるが，これは植物が光合成を経由して作り出す糖質で，多糖の一種である。私たち動物はこのでんぷんを食べ，体内で消化・吸収して**グルコース**（ブドウ糖）にまで分解する。グルコースは単糖の一種である。すなわち，多糖であるでんぷんは，単糖であるグルコースからできている。もっと詳しくいうと，グルコースが**α1-4 グリコシド結合**によって数珠つなぎに結合したものがでんぷんであるといえる。

グルコースは，**血糖値**における**血糖**に該当する単糖で，全身の細胞は，主にこのグルコースを分解してエネルギーを得ている。単糖には，ほかにもガラクトース，フルクトースなどがある。

単糖の結合

単糖がいくつか結合したものだが，多糖と呼べるほどたくさんの単糖が結合しているわけではないような糖質を**オリゴ糖**（**少糖**）という。私たちがでんぷんを食べると，まず唾液に含まれる**アミラーゼ**と呼ばれる消化酵素によって**マルトース**（麦芽糖）と呼ばれる糖にまで分解されるが，これはグルコースが2個つながったオリゴ糖（二糖）である。また，砂糖の主成分である**スクロース**（ショ糖）は，グルコースとフルクトースが1個ずつつながったオリゴ糖である。

単糖がオリゴ糖や多糖を作る結合（**グリコシド結合**）には様々なものがあり，それによってできるオリゴ糖や多糖の種類が変わる。たとえば，グルコースがα1-4 グリコシド結合で2個つながるとマルトースになるが，**β1-4 グリコシド結合**でつながるとセルロースになる。でんぷんには**アミロース**と**アミロペクチン**という構造の異なる2種類のものがあるが，アミロースはグルコースがひたすらα1-4 結合で数珠つなぎにつながった「直鎖状」のでんぷんであるのに対して，アミロペクチンは，ところどころがα**1-6 グリコシド結合**でつながった，「分岐状」のでんぷんである。この構造の違いが，モチ米（アミロペクチンが多い）とウルチ米の，弾性の違いにつながっている。

96 ヤミツキ 細胞生物学

第4章　分子のメカニズム

4-2 セントラルドグマ

生命がもつ共通のしくみ

　DNA の二重らせん構造の発見者の一人であるイギリスのフランシス・クリックは，すべての生物がもつと考えられる共通の分子生物学的なしくみに対して，**セントラルドグマ**（central dogma）という名を与えた。日本語でいえば「生命の中心定理」となる。定理とはいっても，数学的な意味での定理ではなく，「共通のしくみ」という意味にとらえるとよい。これは，DNA をゲノムとしてもつすべての生物の共通祖先（LUCA）が，タンパク質を合成するために編み出した方法であり，その LUCA を祖として進化してきたすべての生物が保有しているものである。

セントラルドグマの過程

　セントラルドグマには，以下の複数の過程が含まれる。その過程は，**(1) DNA の複製**，**(2) 遺伝子の転写**，**(3) タンパク質への翻訳**がメインであり，それに比較的最近加わった **(4) 逆転写**が含まれる。興味深いのは，このいずれの過程にも RNA が深くかかわっているということである。

　複製は，遺伝子の本体である DNA を次世代の細胞へと伝えるしくみであり，すべての生物が保有しており，その反応（DNA 合成反応）は **DNA ポリメラーゼ**により行われる。DNA ポリメラーゼの反応の開始には，**RNA プライマー**と呼ばれる短い RNA が必要となる。

　転写は，DNA の塩基配列として存在する遺伝子を，**RNA ポリメラーゼ**が "コピー"することで，RNA の塩基配列（mRNA）として再現する反応である。こうして生じた

[第4章] 分子のメカニズム　97

mRNAは，細胞核から細胞質へと移行し，タンパク質合成装置であるリボソームにたどり着く。

翻訳は，このリボソーム上で起こる反応である。リボソームはrRNAを主成分とする大きな粒子であり，tRNAによって運ばれてきたアミノ酸が，mRNAの塩基配列に則って，rRNAによりペプチド結合が次々につなぎ合わされることにより，タンパク質が合成される。

逆転写は，RNAを鋳型としてDNAを合成する反応であり，すべての生物に備わっているかどうかは不明である。真核生物では，線状DNAをもつ細胞が染色体末端（テロメア）を合成する際に，この反応が用いられることがある。

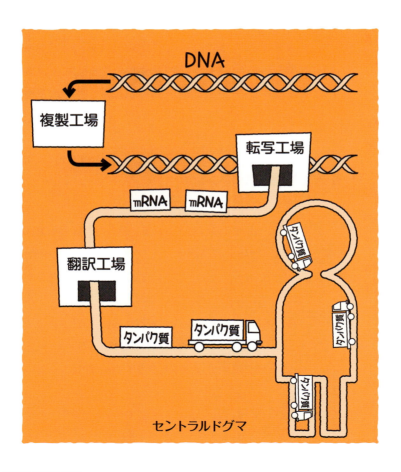

第4章　分子のメカニズム

4-3 DNA の複製

DNA の複製

　すべての生物は，**DNA** を遺伝子（**ゲノム**）の本体物質として使用している。したがって，すべての生物は，その細胞内に DNA を保有している。多細胞生物においても，その細胞のすべてにおいて，細胞核内に DNA を格納しており（赤血球など細胞核のない細胞は例外である），常にその遺伝子から転写が行われている。

　したがって，細胞が分裂するにあたり，細胞はその DNA を複製し，**均等**に分裂後の2つの細胞に受け渡す必要がある。

　DNA の複製は，複数の過程が連続的に起こる複雑な現象である。まず，**複製開始点**と呼ばれるある特定のポイントを中心に，DNA の二重らせんがほどかれる。この過程は，**ORC**（複製開始点認識タンパク質複合体）や **DNA ヘリカーゼ**などのタンパク質（酵素）が中心となって行われる過程である。ほどかれた DNA の2本の鎖それぞれに，DNA を合成する酵素（**DNA ポリメラーゼ**）を中心とする**複製複合体**と呼ばれるタンパク質の塊が形成され，それぞれ，ほどかれた DNA 鎖を鋳型とする**新生 DNA 鎖**合成反応が開始される。

リーディング鎖とラギング鎖

　このとき，複製複合体は，2本鎖が1本鎖に分かれる**複製フォーク**と呼ばれる部分に存在し，2本の1本鎖の鋳型のうち一方を**リーディング鎖**として，もう一方を**ラギング鎖**として複製していく。リーディング鎖とは，複製フォークの進行と同じ方向に合成される DNA 鎖であり，ラギング鎖とは，それとは逆の方向に，**岡崎フラグメント**と呼ば

［第4章］分子のメカニズム　99

れる短いDNA断片が返し縫いのように断続的に合成されるDNA鎖である。DNAポリメラーゼが，必ずDNAを「5′→3′」の方向にしか合成できず，かつDNAの2本の鎖は対面通行のように，お互いが逆の方向を向いているため，このようなしくみでないと，2本の新生DNA鎖の両方を，複製フォークの進行に沿う形で合成できないからである。

真核生物では，DNAを複製するDNAポリメラーゼには複数の種類があり，それぞれ役割分担をしている。**DNAポリメラーゼα**は，RNAプライマーを合成する**プライマーゼ**と結合しており，リーディング鎖，ラギング鎖の両方におけるDNA合成開始反応を担う。**DNAポリメラーゼδ**は，DNAポリメラーゼαの後を引き継いでラギング鎖（岡崎フラグメント）の合成を行い，**DNAポリメラーゼε**はリーディング鎖の合成を行う。

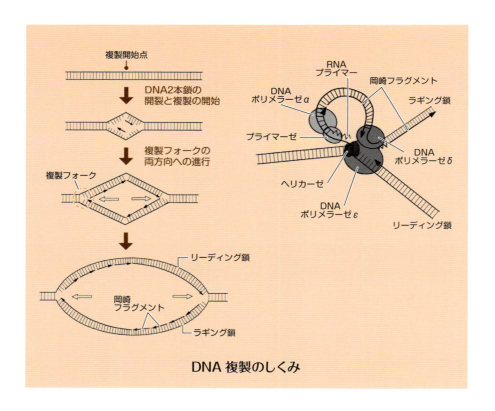

DNA複製のしくみ

第4章　分子のメカニズム

4-4 遺伝子の発現

転写のしくみ

　DNA の塩基配列として存在している遺伝子は，**転写**と呼ばれるしくみによって RNA の塩基配列にコピーされ，それがリボソームよって認識され，タンパク質が合成される。コピーされた RNA はメッセンジャー RNA（**mRNA**）と呼ばれ，文字通り，遺伝子の情報のリボソームへの"伝令役"となる。

　転写が起こるとき，普段は**ヒストン**と結合してクロマチンと呼ばれる構造をとっている DNA は，ヒストンとの結合が緩くなり，転写のための様々なタンパク質がアクセスしやすくなるよう，立体的な構造が変化する。遺伝子には，その5′側の上流に**プロモーター**と呼ばれる領域があり，その近傍に**基本転写因子**と呼ばれる複数のタンパク質が，一定の順番で結合していき，やがて転写反応を触媒する **RNA ポリメラーゼⅡ**（真核生物の場合）がプロモーターに結合する。

　基本転写因子の1つが DNA の2本鎖を巻き戻すヘリカーゼ活性を発揮すると，RNA ポリメラーゼⅡが，一方の DNA 鎖を鋳型として，その相補的な RNA（**mRNA 前駆体**）を合成する。このとき鋳型となる DNA 鎖を**アンチセンス鎖**といい，鋳型とならない DNA 鎖を**センス鎖**という。したがって，合成される mRNA 前駆体の塩基配列は，センス鎖の塩基配列と同じとなる（ただし，チミンはウラシルとなっている）。

　合成された mRNA 前駆体は，合成されている途中から **RNA プロセッシング**と呼ばれる修飾を受け，成熟 mRNA となる。まず合成途上から5′末端に7－メチルグアニル酸が結合して **5′ キャップ構造**が形成され，合成が完了すると3′末端にアデニル酸が多数結合して**ポリ A テイル**が形成される。

　真核生物の場合，DNA 上の遺伝子は，**イントロン**（介在配列）と呼ばれる塩基配列によって，いくつかの断片（**エキソン**）に分断されているため，転写された直後のメッセ

［第4章］分子のメカニズム　101

ンジャー RNA 前駆体には，イントロン部分が残ったままとなっている。そのため，**スプライシング**によってイントロンが除去され，エキソン部分のみが連結することで，初めて翻訳が可能な成熟 mRNA となる。

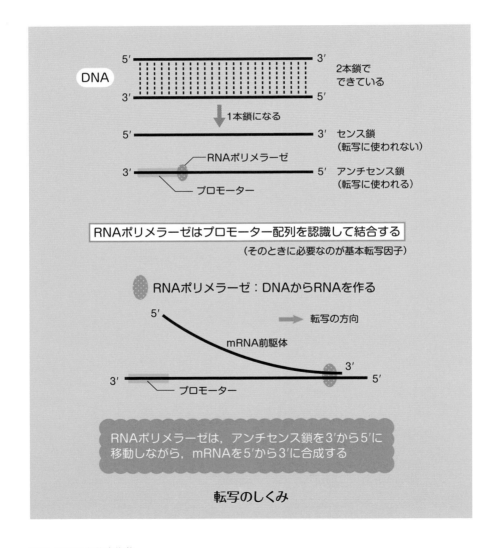

転写のしくみ

遺伝暗号

mRNA に写し取られた遺伝子の塩基配列は，細胞質に存在する**リボソーム**において
アミノ酸配列へと**翻訳**される。

このとき，mRNA の塩基配列のうち 3 塩基の連続した並びを**コドン**と呼び，1 つの
コドンが 1 つのアミノ酸を"指定"している。たとえば，遺伝子（センス鎖）で「TCC」と
いう塩基配列だったものは，mRNA に写し取られると「UCC」となる。これはアミノ酸
「セリン」を指定するコドンである。このように，塩基配列がアミノ酸配列を指定するし
くみを**遺伝暗号**という。

3 つの塩基の並びが 1 個のアミノ酸を"指定"する（**コードする**）ことにより，4 種類
の塩基によるコドンの組み合わせは 4 × 3 = 64 通りとなる。生物の体を構成するアミ
ノ酸は 20 種類あるので，このコドンの組み合わせは，20 種類のアミノ酸を指定して
余りあるほどの組み合わせである。したがって，往々にしてコドンは**縮重**している，す
なわち複数のコドンが同じアミノ酸をコードしている。どのコドンがどのアミノ酸をコー
ドしているかを表した一覧表を**コドン表**（**遺伝暗号表**）という。

		2 文字目								
		U		C		A		G		
1文字目	U	UUU	フェニル アラニン	UCU	セリン	UAU	チロシン	UGU	システイン	U	3文字目
		UUC		UCC		UAC		UGC		C	
		UUA	ロイシン	UCA		UAA	（終止）	UGA	（終止）	A	
		UUG		UCG		UAG		UGG	トリプトファン	G	
	C	CUU	ロイシン	CCU	プロリン	CAU	ヒスチジン	CGU	アルギニン	U	
		CUC		CCC		CAC		CGC		C	
		CUA		CCA		CAA	グルタミン	CGA		A	
		CUG		CCG		CAG		CGG		G	
	A	AUU	イソロイシン	ACU	トレオニン	AAU	アスパラギン	AGU	セリン	U	
		AUC		ACC		AAC		AGC		C	
		AUA		ACA		AAA	リシン	AGA	アルギニン	A	
		AUG	メチオニン（開始）	ACG		AAG		AGG		G	
	G	GUU	バリン	GCU	アラニン	GAU	アスパラギン酸	GGU	グリシン	U	
		GUC		GCC		GAC		GGC		C	
		GUA		GCA		GAA	グルタミン酸	GGA		A	
		GUG		GCG		GAG		GGG		G	

コドン表（遺伝暗号表）

［第4章］分子のメカニズム　103

翻訳の開始

　翻訳は，mRNA とリボソームが結合し，**開始コドン**（AUG：メチオニンをコードする）を認識したリボソームにより開始される。**アミノアシル tRNA 合成酵素**によりアミノ酸を 1 個ずつ結合させたトランスファー RNA（**tRNA**）がリボソーム内の特定の場所に入り込むと，アミノ酸が切り離され，リボソームを構成するリボソーム RNA（**rRNA**）がもつペプチド転移活性により，前のアミノ酸とつなぎ合わされる。リボソームが 1 コドンずつ次々にずれていくことで，次々にアミノ酸を結合させた tRNA がリボソームに入り込み，上記活性によりアミノ酸が長くつなぎ合わされていく。

　ここで，リボソームに入り込む tRNA は，ちょうどそのときリボソーム内に鋳型として存在している mRNA のコドンと相補的に結合できる**アンチコドン**をもたなければならない。たとえば，先述のセリンの場合，コドン「UCC」と相補的に結合できるのは「GGA」というアンチコドンをもつ tRNA であり，これには必ずセリンが結合している。このしくみにより，決まったコドンに対応するアミノ酸を，リボソームはきちんと結合させることができるのである。

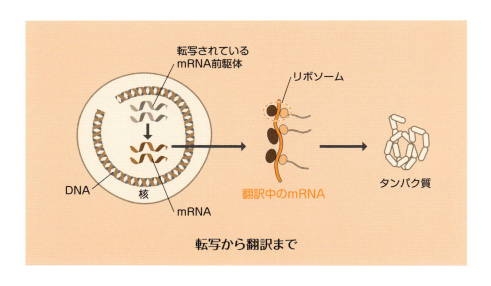

転写から翻訳まで

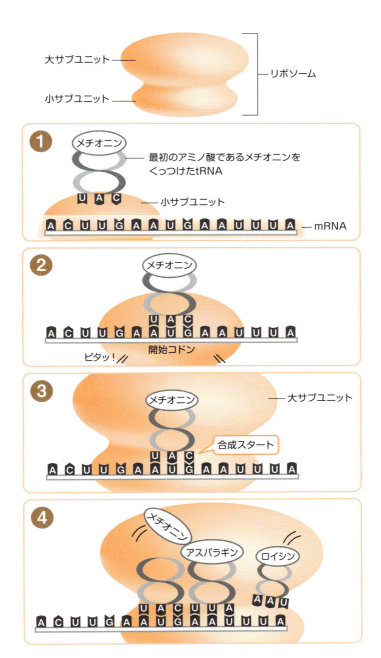

翻訳のしくみ

転写調節とは

　さて，遺伝子が発現するためには**プロモーター**に RNA ポリメラーゼを始めとする基本転写因子が結合する必要がある。真核生物の典型的なプロモーターは，遺伝子の転写開始点の上流 30 塩基付近に TATAAA 配列（**TATA ボックス**）をもち，さらに転写開始点の上流 40~60 塩基付近に GGCGGG という塩基配列からなる「GC ボックス」や，転写開始点の上流 60~100 塩基付近に CCAAT という塩基配列からなる「CAAT ボックス」が存在する。

　真核生物には，転写が開始される部位から数千塩基も離れた位置にある**エンハンサー**により転写が調節されることが知られている。実際にはエンハンサーは，遺伝子によって存在する場所が多様で，遺伝子の上流，下流，さらにイントロン部分に存在する場合もある。また哺乳類などでは，エンハンサーよりもプロモーターに近い位置に**プロモーター近位エレメント**と呼ばれる転写調節配列も存在する。

　エンハンサーには，転写反応を促進するタンパク質である**アクチベーター**と呼ばれる転写因子が結合することが知られている。一般的には，エンハンサーの長さはおよそ 50~200 塩基対ほどある。したがって，実際には複数の**転写因子**が同時にエンハンサーに結合することが可能である。さらに，エンハンサーに結合する転写因子同士も相互作用することによって，エンハンサー周りに**エンハンスソーム**と呼ばれる，エンハンサーとアクチベーターの巨大な複合体が形成され，これが転写の開始を調節することが知られている。

　エンハンスソームを構成したそれぞれのアクチベーターは，**メディエーター**と呼ばれる巨大なタンパク質複合体を介して**転写開始前複合体**と結合することで，転写の開始が促進される。時にメディエーターは RNA ポリメラーゼⅡ自身とも相互作用することが知られている。

　原核生物では，1 本の mRNA 分子の中に複数のタンパク質をコードする領域があることがあるが，真核生物では，1 本の mRNA は 1 種類のタンパク質のみをコードしている。それぞれの遺伝子にはそれぞれ独自のプロモーター，独自のプロモーター近位エレメント，エンハンサーが存在し，それぞれ独自に転写の調節がなされている。

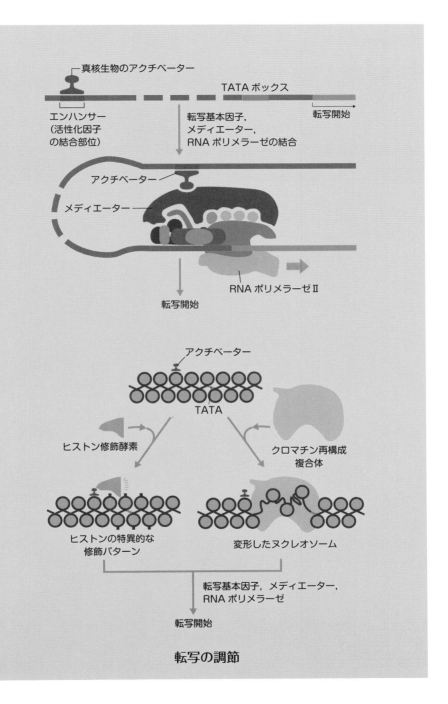

転写の調節

[第4章] 分子のメカニズム 107

4-5 miRNA

miRNA のはたらき

　マイクロRNA（**miRNA**）は，miRNA遺伝子によってコードされて作られる20~25塩基程度の短鎖2本鎖RNAであり，mRNAと相補的な塩基配列をもつため，mRNAと結合し，そのはたらきを阻害することで遺伝子発現を調節している。mRNAの種類を上回る多種類のmiRNAが，常に細胞内で発現していると考えられている。

　miRNA遺伝子は，まず**pri-miRNA**と呼ばれるRNAに転写される。Pri-miRNAは，分子内で相補的な塩基配列をもつため，その配列同士が水素結合でペアを作り，**ヘアピン構造**が作られる。このヘアピンRNAが，核内で**ドローシャ**と呼ばれるリボヌクレアーゼにより切断され，**miRNA前駆体**（**pre-miRNA**）が作られる。Pre-miRNAは，細胞質に移行した後，**ダイサー**と呼ばれる酵素タンパク質によってさらに切断され，ヘアピン構造の"頭"が切り離されて，長さが22塩基程度の完全な2本鎖RNAとなる。これが**リスク**（**RISC**）と呼ばれるmRNA切断活性をもつタンパク質複合体の中

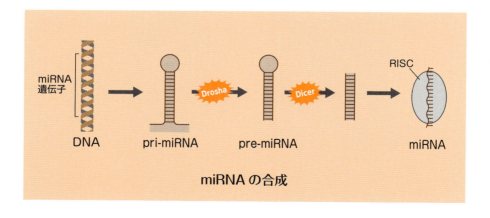

miRNA の合成

に取り込まれ，mRNAと相補的に結合する鎖を残して1本鎖に引きはがされ，成熟したmiRNAとなる。

この1本鎖miRNAが，標的mRNAの相補的な塩基配列部分に結合し，リボソームでの翻訳を阻害したり，mRNAを切断したりすることで，遺伝子発現量（合成されるタンパク質の量）を調節している。

miRNAは，こうしたmRNAを介した遺伝子発現量調節を通じ，発生や細胞分化，がん化，幹細胞の維持など，様々な細胞現象に関与していると考えられている。

miRNAのはたらきは，mRNAの分解やクロマチンの構造変化などを通じて遺伝子発現をコントロールすることであり，その生物学的意義は極めて大きい。

それぞれのmRNAには，必ず1種類以上のmiRNAが相補的な塩基配列をもって対応でき，逆にそれぞれのmiRNAは，複数のmRNAに対して効果を発揮できるようになっている。私たちの細胞内には"mRNAプール"と"miRNAプール"が存在し，お互いに密接にかかわり合って機能しているのである。

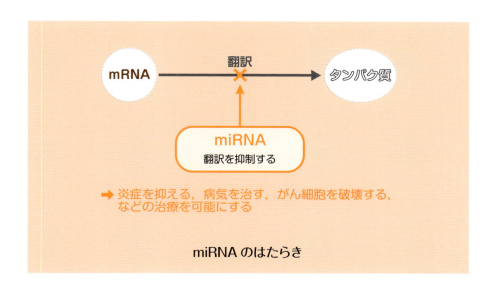

miRNAのはたらき

第4章　分子のメカニズム

4-6 タンパク質の輸送と分泌

合成されたタンパク質のゆくえ

　翻訳され，合成されたタンパク質は，それがはたらく場所により異なる輸送方法によって運ばれ，その目的地において機能を発揮する。

　合成された細胞の内部ではたらくタンパク質は，細胞質に浮遊しているリボソームで合成された後，しかるべき細胞小器官などに運ばれていくが，このとき**シグナルペプチド**と呼ばれるアミノ酸配列の一部が役に立つ。たとえば細胞核内ではたらくタンパク質には**核移行シグナル**と呼ばれるシグナルとなるアミノ酸配列が含まれており，これが核輸送タンパク質によって認識されて，細胞核へと運ばれる。ミトコンドリアや葉緑体などではたらくタンパク質にも，同じようなシグナルペプチドが存在し，それによって該当する細胞小器官へと運ばれる。

　細胞の外ではたらくタンパク質の場合，合成された際に，N末端に**小胞体移行シグナル**をもっている。リボソームで合成され始めて最初にリボソームから出てくるのがこのペプチドであるため，このペプチドを"ぶら下げた"リボソームは，それと結合する**SRP**（シグナル認識粒子）と呼ばれるタンパク質によって認識され，小胞体の表面へと導かれる。そうして小胞体表面に結合したリボソームは，そのまま小胞体の内腔に向かってポリペプチドを合成し続ける。小胞体上にはこのようなリボソームが無数にとりつき，**粗面小胞体**が形成される。

　小胞体内腔に放出されたポリペプチドは，適切な形に折りたたまれ（**フォールディング**），必要に応じてシステイン残基間で**ジスルフィド結合**が形成される。

110　ヤミツキ 細胞生物学

細胞内から細胞外へ

　こうして，小胞体の内腔で必要なプロセッシングを受けた後，タンパク質は小胞体の膜の一部に包まれるようにして小胞体から切り離され，ゴルジ体へと輸送される。

　ゴルジ体では，それが糖タンパク質として機能する場合には，タンパク質のある特定のアミノ酸残基に**糖鎖付加**が行われる。ほかにも様々なプロセッシングがゴルジ体の中で起こると考えられており，その後，ゴルジ体の一部が膜ごと切り離され，**分泌小胞**となって，プロセッシングを経たタンパク質を細胞膜へと輸送する。そして**エキソサイトーシス**（2-3 も参照）によって細胞外へと分泌されるのである。

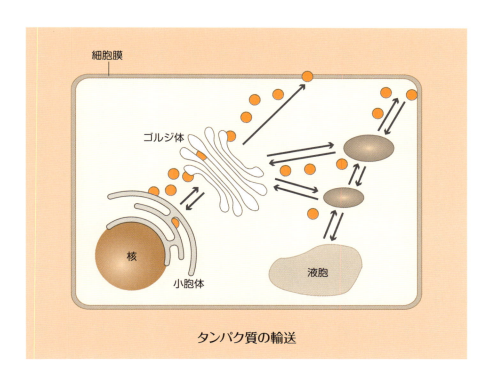

タンパク質の輸送

第4章　分子のメカニズム

4-7 細胞周期の調節

細胞周期の4つのステージ

　細胞が分裂する1サイクルのことを**細胞周期**（cell cycle）という。細胞周期は大きく4つのステージに分けられる。それぞれ **G_1 期，S 期，G_2 期，M 期**という。「S」は「DNA 合成（synthesis）」，「M」は「有糸分裂（mitosis）」を表し，「G」は「それらの間の期間（gap）」に由来する。

　G_1 期は，S 期の前に存在する期間で，いわば「DNA 複製の準備を行っている期間」であるといえる。この期間には，**G_1 チェックポイント**と呼ばれる時期があり，この時期を過ぎると，細胞周期にブレーキをかけようとしてどのような刺激を細胞に与えても，次の S 期へと突入してしまう。すなわち，細胞はこの G_1 チェックポイントまでに，DNA を複製して大丈夫かどうか，複製に支障となるような損傷が DNA にないかどう

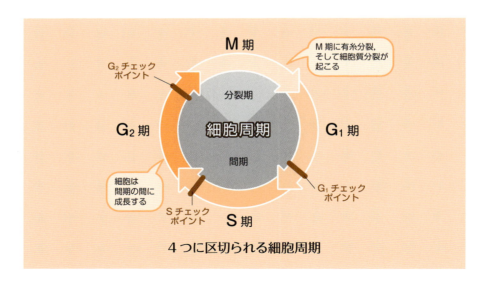

4つに区切られる細胞周期

112　ヤミツキ 細胞生物学

かなどを把握し，成功裏に DNA 複製を行えるように整えるのである。

S 期は DNA 合成，すなわち DNA の複製時期である。すべての DNA を正確に複製できるよう，**S チェックポイント**により様々なチェックが各所でなされる。DNA の複製時に生じる**複製エラー**が修復機構によって修復されているか，不適切な塩基対（**ミスマッチ塩基対**）が形成されていないかなどが，様々な"専用"タンパク質複合体などによって厳密にチェックされ，これらをクリアして初めて，細胞は次の G_2 期へと進むことができる。

G_2 期は，DNA 複製後，染色体を分配する準備をする時期であり，**G_2 チェックポイント**により，G_1 や S のチェックポイントと同様，DNA の損傷をチェックされ，さらに DNA の複製が完了したかどうかをチェックされる。

そうして細胞は，M 期（分裂期）に入る。これは大きく「核分裂期」と「細胞質分裂期」に大別され，「核分裂期」は，分裂過程において細胞内で起こる現象を基準にすると，さらに細かく「前期」，「前中期」，「中期」，「後期」，そして「終期」に分かれる（3-2 参照）。

CDK ／サイクリン

細胞周期の進行において中心的な役割を果たすタンパク質に，**サイクリン依存性タンパク質キナーゼ**（cyclin-dependent protein kinase：**CDK**）と呼ばれる酵素がある。この酵素は，細胞周期のいずれの時期においても重要な調節を行っているため，細胞周期の"エンジン"ともいわれる。

キナーゼとは，タンパク質を**リン酸化**するはたらきを担う酵素の総称である。リン酸化は，細胞内のタンパク質に起こる，その機能にとって非常に重要な化学修飾の 1 つで，タンパク質中に存在するセリン，トレオニン，チロシンという 3 種類のアミノ酸残基にリン酸が結合し，そのタンパク質の三次構造が変化し，その結果としてタンパク質の機能が変化する。タンパク質により，リン酸化すると活性化するもの，逆に不活性化されるものがある。CDK は，細胞内で細胞周期にかかわる様々なタンパク質をリン酸化することにより，その三次構造ならびに機能を変化させ，細胞周期を進行させ

[第4章] 分子のメカニズム　113

るのである。

　CDKにはCDK1, CDK2, CDK4, CDK6など、いくつかの種類があり、それぞれ、細胞周期によってはたらく時期が異なっている。G_1期からS期にかけてはたらくのは、主にCDK2, CDK4, CDK6であり、G_2期からM期にかけてはたらくのはCDK1である。

　これらCDKは、**サイクリン**と呼ばれるタンパク質と結合し、**CDK／サイクリン複合体**となることで、本来の機能を発揮する。これが、CDKの"サイクリン依存性"という言葉の由来である。**CDK4**と**CDK6**は、それぞれ**サイクリンD**と呼ばれるタンパク質と複合体を形成し、標的となるタンパク質をリン酸化する。標的となるタンパク質の代表は「**Rbタンパク質**」である。Rbとは「網膜芽細胞腫（retinoblastoma）」の略で、その遺伝子機能の欠失がこの病気で最初に発見されたため、その名がついた。

　細胞周期が進行していないとき、Rbタンパク質は、転写因子であるE2Fなどと結合してその活性を阻害し、細胞周期を止めている。Rbタンパク質がリン酸化を受けると、Rbの"阻害因子"としてのはたらきが不活性化され、転写因子が解離し、その結果、DNA複製関連遺伝子など細胞周期を進める遺伝子の転写が促進される。

　一方、細胞周期をG_2期からM期へと進めるのに重要なのは**CDK1／サイクリンB**である。この酵素は、ある2箇所のアミノ酸残基がリン酸化されているため、普段は不活性な状態になっているが、2箇所のアミノ酸残基のうち1箇所が「脱リン酸化」されると活性化され、染色体凝縮や核膜消失にかかわるタンパク質（ラミンなど）をリン酸化して活性化させ、細胞周期をG_2期からM期へと移行させる。

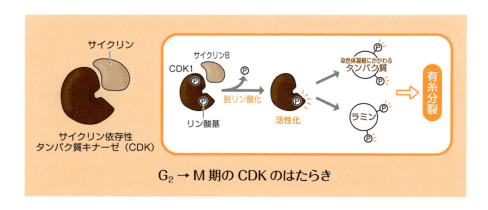

G_2→M期のCDKのはたらき

第4章　分子のメカニズム

4-8 細胞骨格

タンパク質でできた「骨組み」

　細胞には，**細胞骨格**と呼ばれるタンパク質でできた"骨組み"がある。細胞分裂の際に現れる紡錘体も，じつはこの細胞骨格の1つからできている。したがって細胞骨格というのは，私たちが個体レベルでもっている「骨」とは違い，より機能的で，積極的に"動く"ものであるといえる。

　細胞骨格には，大きく分けて3種類のものがある。**マイクロフィラメント**，**微小管**，そして**中間径フィラメント**である。マイクロフィラメントが最も細く（6ナノメートル前後），微小管が最も太く（20ナノメートル前後），そして中間径フィラメントはおおよそその中間の太さ（10ナノメートル前後）をもつ。

　マイクロフィラメントの主成分は，筋組織の主成分である**アクチンフィラメント**である。細胞骨格としてのアクチンフィラメントは，必ずしも筋組織と同じようにミオシンフィラメントと協調しているわけではないが，やはり細胞の運動に大きくかかわっている。たとえばアメーバが仮足を伸ばしていわゆる"アメーバ運動"を行うのは，アクチンフィラメントのはたらきによる。アクチンフィラメントは**アクチン**の重合物であり，その重合と脱重合が繰り返されることで，運動がコントロールされている。

　中間径フィラメントには，様々な種類のものがある。代表的なのは，核膜の裏打ちタンパク質である**ラミン**で，これが重合して**核ラミナ**を形成している（2-4も参照）。また上皮細胞に存在する**ケラチン**は，らせん状のタンパク質が重合することで，髪の毛や爪などの硬い組織を作り出している。

　微小管は，細胞分裂の際に現れる紡錘糸の主成分であり，**チューブリン**と呼ばれるタンパク質の二量体（αチューブリン，βチューブリン）が多数重合して管状構造を呈している。チューブリンが連続的に重合することで微小管は伸長し，チューブリンが脱重合

［第4章］分子のメカニズム　115

することにより微小管は短縮する。モータータンパク質の1つ**キネシン**は，この微小管上をATPを分解して得たエネルギーを使って移動する"2本足タンパク質"として有名であり，細胞内物質輸送にかかわっている。

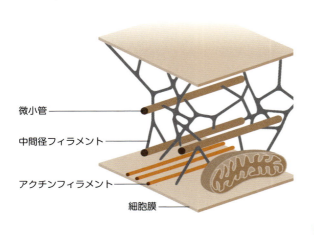

アクチンフィラメントは2本のアクチン重合体がらせん状に絡まってできているよ

微小管は筒状でアクチンフィラメントよりずっと硬いんだ！

中間系フィラメントは，細胞や上皮組織全体の強度にかかわってくるんだ

細胞骨格

第5章

細胞と病気

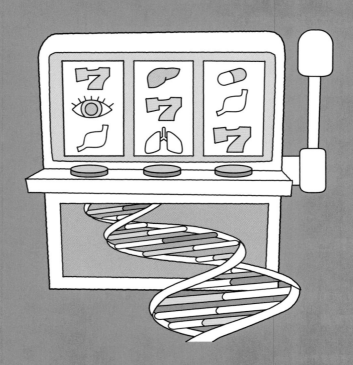

第5章 細胞と病気

5-1 細胞を取り巻く環境

細胞を傷つける有害な環境や物質

地球上に存在する生物の細胞は，産まれたばかりの赤ちゃんが理想的な環境で保育されるのとは異なり，常に厳しい環境に置かれているものばかりである。いや，そうした保育状態の赤ちゃんの細胞であっても，じつは常に，様々に有害な環境，有害な物質に曝されていると考えたほうがよい。

たとえば，地球上には常に，太陽から放射された紫外線が降り注いでいる。多くの紫外線はオゾン層に吸収されるが，一部のものは地表面まで到達する。私たちが夏の強い日差しの中で日焼けをするのはそのためである。

宇宙には自然放射線と呼ばれる放射線がそこら中から放出されており，地球上にいる私たちも，常に宇宙放射線に曝され，かつ地表に存在する自然放射性核種から放出される放射線にも曝されている。

また地球上には数多くの化学物質が存在する。人工の化学物質も天然の化学物質も，時として生物の細胞に有害である。天然の化学物質のうちで最も有害なものの1つが，意外に思われるかもしれないが，じつは酸素と，それから派生する**活性酸素**であり，これらは常に私たち生物の細胞の**老化**にかかわり，DNA の**損傷**を引き起こす元となっている。

突然変異と進化

紫外線も放射線も，そして多くの化学物質も，DNA の損傷を引き起こし，それに基づく**突然変異**を誘発することがある。DNA の突然変異は，時として細胞を死に追

118 ヤミツキ 細胞生物学

いやるだけでなく，細胞を**がん化**させたり，ある種の**遺伝病**（遺伝子が原因となってもたらされる病気）をもたらしたりすることがある。また，生殖細胞のDNAに生じた突然変異は，不妊をもたらしたり，子孫に遺伝性の疾患をもたらしたりすることがあるが，その一方で，その生物に**進化**をもたらす1つのきっかけになったりすることもある。ある生物の個体の生殖細胞に生じた突然変異が，偶然その集団内に広まることによって，その集団全体の遺伝子のありよう（**遺伝子頻度**という）が変化し，進化が起こるのだ。

細胞は，常に環境からの何らかのはたらきかけによって自身のDNAに損傷を受けたり，細胞の老化に直面したりするが，それに対する防御機構も併せもつことで，いたちごっこのようにゆれ動きながら，この厳しい環境の中を生き続けている，そんな存在なのである。

第5章 細胞と病気

5-2 DNAの損傷・修復と突然変異

DNAの損傷

　DNAは，物質としては極めて安定な物質であり，その安定さは，時には何万年前もの昔のミイラなどからDNAが抽出できるほどである。しかしながら，私たちの細胞内にあるDNAは，それ自体は安定ではあるけれども，外部からの様々な刺激によって**損傷**を受けやすい物質でもある。

　DNAの損傷には様々なものがある。塩基に損傷が起きるものから，DNAの鎖が切断されるものまで様々であり，その生物に与える影響も様々である。

　最も多く起こっている損傷の1つが，紫外線により生じる**シクロブタン型ピリミジンダイマー**※の形成であり，とりわけその中でも**チミンダイマー**がよく知られる。

　チミンダイマーは，紫外線の照射により，隣り合ったチミン同士が共有結合で結びつけられ，シクロブタンのような構造を呈したものである。紫外線によるDNA損傷のほとんどは，チミンダイマーであるといわれる。このチミンダイマーがDNA複製時の鋳型となると，通常のDNAポリメラーゼは，その相補的な相手として本来なら置かれ

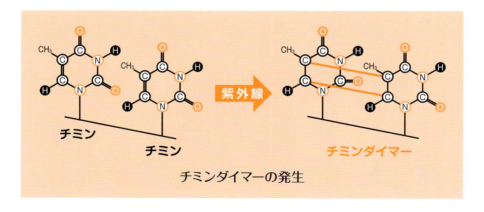

チミンダイマーの発生

るべき 2 個のアデニンを配置することができないが，**損傷乗り越え DNA ポリメラーゼ**と呼ばれる特殊な DNA ポリメラーゼはその仕事を担うことができるため，紫外線によって DNA に損傷が起こっても，ほとんどの場合，損傷を修復したり，損傷を乗り越えて正確な DNA 複製を行うことができる。

発がん物質などが DNA の特定の部位に結合するような損傷もある。化学物質が DNA に結合することによって生じる**付加体**の形成がそれである。発がん物質としてよく知られるベンゾピレンは，DNA の塩基の 1 つグアニンと共有結合により結合してしまい，DNA 複製の際にエラーを引き起こすと考えられている。ほかにも種々のアルキル化剤や酸化剤による塩基の損傷もしくは塩基の修飾も，よく見られる DNA 損傷である。

※ DNA 内のピリミジン塩基（シトシンとチミン）は，紫外線を吸収してピリミジンダイマーを形成する。

遊離放射線が DNA に当たることにより塩基が欠失したり，DNA の 2 本鎖が切断されたり，一方の DNA 鎖が切断されたりする損傷が引き起こされる場合があるよ。

DNA の修復

DNA ポリメラーゼはヌクレオチドの重合反応（ホスホジエステル結合の形成反応）を触媒する酵素であって，相補的な塩基の対合反応を直接触媒する酵素ではない。したがって，時々**複製エラー**を起こし，結果として本来の塩基対とは異なる**ミスマッチ塩基対**が作られる。しかし，DNA ポリメラーゼには通常**エキソヌクレアーゼ**と呼ばれる修復のための酵素活性が存在し，複製エラーが起こっても，即座にこれを認識し，修復することができる。

たとえエキソヌクレアーゼがミスマッチを見逃したとしても，細胞にはそれを修復する別のシステム，**ミスマッチ修復機構**がある。複製された DNA には「メチル化」がされていないため，これを目印に新たに合成された DNA の方だけを修復することができる。原核生物でよく研究されているしくみでは，MutS と MutL という 2 種類のタンパク質がミスマッチを認識し，続いて MutH がメチル化された DNA を認識する。これら 3 つ

[第 5 章] 細胞と病気　121

のMutタンパク質が相互作用すると，新しく合成された側のDNAが切り出され，その後をDNAポリメラーゼが正しい塩基配列で埋め，最後にDNAリガーゼが結びつける。そうして，ミスマッチ塩基対は正常の塩基対に修復される。

化学物質による付加体，塩基の欠失，アルキル化剤や酸化的損傷などによる塩基の修飾は，塩基除去修復，ヌクレオチド除去修復などのDNA修復機構により除去される。

塩基除去修復は，その名の通り，損傷した塩基を除去し，正しい塩基で埋め直すという修復メカニズムで，たとえばC（シトシン）が何らかの原因によって脱アミノ化し，U（ウラシル）が生じるという損傷の場合，ウラシルDNAグリコシラーゼが，生じたウラシルをDNAから取り外し，その後をDNAポリメラーゼβが埋め直す。

ヌクレオチド除去修復は，その名の通り，損傷を受けた部分を含めた10～12ヌクレ

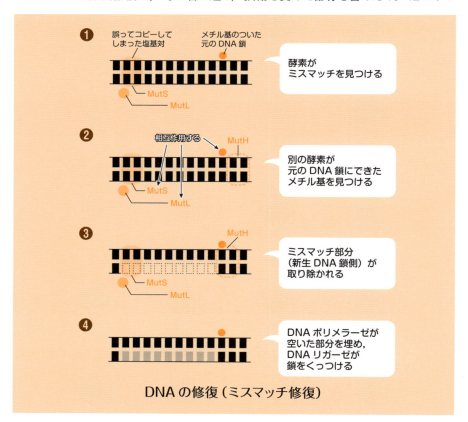

DNAの修復（ミスマッチ修復）

オチドほどの1本鎖DNAが除去され，正しいヌクレオチド鎖で埋め直されるという修復メカニズムである。この修復は比較的長いDNA合成を行うため，複製用DNAポリメラーゼであるDNAポリメラーゼδ，DNAポリメラーゼεがかかわると考えられている。

遺伝子の突然変異

突然変異とは，DNAの塩基配列に生じる永続的な変化のことである。原則として元の塩基配列には戻らないが，偶然，別の要因によって同じ場所が突然変異を起こし，元の塩基配列に戻ることはある。DNAは2本のDNA鎖が塩基同士の相補的な水素結合によって抱き合った状態となり，塩基と塩基のペア（**塩基対**）が形成されている。そのため，突然変異というのは，両方の塩基，すなわち塩基対ごと別の塩基対に変化することを指す。

DNAの突然変異には，内的要因と外的要因が存在する。内的要因の最大のものは，DNA複製時におけるDNAポリメラーゼによる**複製エラー**である。

4-3で取り上げたようにDNA複製は，DNAポリメラーゼによるヌクレオチド重合反応という1つの化学反応に還元される過程であり，DNAポリメラーゼは鋳型の塩基配列に忠実に，それと相補的な塩基をもつヌクレオチドを重合させることにより，新生DNA鎖を鋳型に忠実に再現するようにして合成する。しかしながら，DNAポリメラーゼは100%の確実性をもって忠実ではなく，10万回~1億回に1回程度はエラーを起こし，鋳型の塩基と相補的ではない塩基をもったヌクレオチドを重合してしまうことがある。これが複製エラーだ。通常，この複製エラーはDNAポリメラーゼに備わっている校正機能（エキソヌクレアーゼ）によって即座に修復されるが，まれに修復されないものもある。このようなミスマッチ，いわば"ミスペア"がそのまま放置され，次のDNA複製が行われることにより，異なる塩基対が形成される。この塩基対は，元の塩基対とは異なるものの，塩基対自体は正常な状態であるため，修復されることはなく，突然変異となる。

紫外線で傷ついたDNAや，発がん物質などの有害物質が結合したDNAが複製さ

[第5章] 細胞と病気　123

れる際にも，エラーが生じることがある。通常，こうした DNA を複製する際には**損傷乗り越え型 DNA ポリメラーゼ**という特殊な DNA ポリメラーゼがはたらき，エラーが生じないようにするのだが，まれに何らかの原因でそのしくみがうまくはたらかないとエラーが生じることがある。

また，DNA ポリメラーゼが**繰り返し配列**（同じ塩基配列が何回も繰り返して存在するような部分）を複製する際に，**複製スリップ**を起こしてしまい，DNA が正確に複製されず，繰り返しの数が変化することがある。

異常タンパク質の発生

突然変異がタンパク質（アミノ酸配列）をコードする遺伝子部分に生じると，様々なタイプの異常タンパク質が作られる場合が出てくる。とりわけ，アミノ酸配列をコードしている**エキソン**に突然変異が生じると，コドンが変化し，コードするアミノ酸が変化することがある。

4-4 で述べたように，コドンは**縮重**しているため，ほとんどのアミノ酸について，指定するコドンは複数ある。したがってそうしたコドン間での変化はアミノ酸配列の変化をもたらさず，表現型としての影響はない。たとえば，アミノ酸の 1 つ「プロリン」をコードするコドンは「CCU」，「CCA」，「CCC」，「CCG」の 4 種類があり，3 番目の塩基のみ異なっている。したがってこの場合，3 番目の塩基がいずれの種類であってもそのコードするアミノ酸はプロリンであるから，3 番目の塩基が他の塩基に**置換**するような突然変異が起こっても，アミノ酸の表現型には影響しない。

しかし，異なるアミノ酸のコドン間での変化は，多くの場合，タンパク質の三次元的な構造の変化をもたらす。たとえば上述のプロリンのコドン「CCU」のうち，1 番目の塩基が U に置換すると「UCU」となり，セリンをコードするコドンとなる。本来プロリンだった部分がセリンになると，タンパク質によってはその機能に異常をきたしてしまうことがある。

突然変異には，このような塩基の置換だけでなく，塩基が欠失したり挿入されたりすることにより，本来のコドンの読み枠がその分だけずれてしまい，もしその欠失もし

くは挿入塩基数がコドンの構成塩基数である3の倍数でない場合，それ以降のアミノ酸配列が大きく変化してしまう。このような突然変異を**フレームシフト変異**といい，ほとんどの場合，異常タンパク質が生じるが，そのうちの多くを，途中で**終止コドン**が生じてしまうことによる欠損タンパク質の生成が占める。

　こうして，突然変異が原因となりコドンが読み替えられたり，コドンの読み枠がずれてしまったりすることにより，アミノ酸配列が変化した異常タンパク質が生じる。これががんの原因となったり，各種遺伝病の原因となったりするのである。

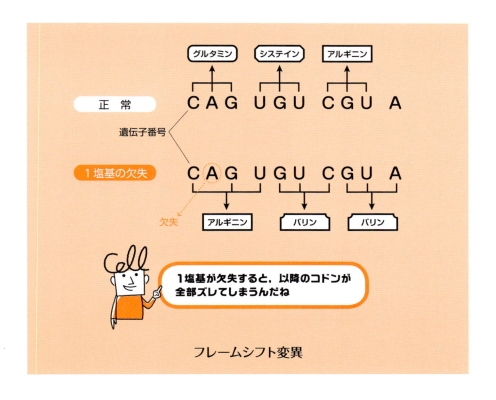

フレームシフト変異

第5章　細胞と病気

5-3 がん細胞

発がんのメカニズム

　正常細胞がどのようにして**がん化**するのか，その発生メカニズム（**発がん**）は古来，よく研究されてきた。DNA や遺伝子に関する様々な知見が蓄積した現在では，発がんに DNA の突然変異がかかわっていることが明らかとなっているが，20 世紀初頭には，発がんの原因に関して様々な説があった。

　デンマークの病理学者ヨハネス・フィビゲルは，発がんの寄生虫説を提唱した人物として知られ，1926 年にノーベル生理学・医学賞を受賞した。一方で，日本の山極勝三郎と市川厚一は，ウサギの耳にコールタールを塗り続けるという実験の結果，人工的・化学的にがんを発生させることに 1915 年，世界で初めて成功させた。後に寄生虫説は誤りであり，山極らによる**化学発がん**が，本来の発がんと密接に関連していることがわかり，現在では"幻のノーベル賞"ともいわれている。実際，化学物質が DNA に結合することにより引き起こされる突然変異が明らかとなり，やがて**イニシエーター**，**プロモーター**（遺伝子発現におけるプロモーターではない）などの概念が形成されていく。

　1911 年，アメリカの病理学者ペイトン・ラウスは，鳥に肉腫（がんの一種で，上皮組織以外に生じるものをこう呼ぶ）を引き起こす原因が，ある種のウイルスにあることを突き止め，**ウイルス発がん**の概念を打ち立てた。ラウス肉腫ウイルスと呼ばれるそのウイルスが鳥の細胞に感染すると，ウイルスがもつ**がん遺伝子**の 1 つ *v-src*[※1] により，細胞ががん化するのである。*v-src* は，もともと正常細胞がもっていた *c-src*[※2] 遺伝子の変異型であり，この遺伝子は Src タンパク質というチロシンキナーゼの一種をコードしている。これが正常にはたらくと，細胞外からの増殖シグナルを細胞核へと伝え，細胞を増殖させるのだが，*v-src* 遺伝子がコードする異常 Src タンパク質は，増殖シグ

126　ヤミツキ 細胞生物学

ナルが細胞外から来なくても，細胞核へと増殖シグナルを"ねつ造"して伝え，細胞を増殖させてしまう。

　発がんは，一言では言い表せない複雑な過程であり，がんの種類によっても大きく異なる。ただ一般的には，環境に存在する様々な外的要因（化学物質，紫外線，放射線など）によるDNAの損傷や一部のウイルスにより，発がんが引き起こされることが明らかとなっており，さらに複製エラーによる突然変異やクロマチン構造異常，マイクロRNAの制御異常など，内的要因もその原因となり得る。

※1,2 ウイルスの遺伝子をVirusのVをとってv-src，細胞のものはCellからc-srcと呼ぶようになった。

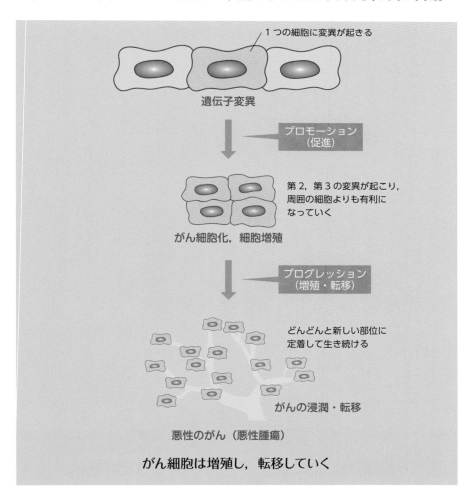

[第5章] 細胞と病気　127

がん細胞の特徴

　発がんによって**がん細胞**へと変化した細胞には，それまでの正常細胞にはなかった特徴がいくつも現れるが，そうなるまでにはいくつかの段階がある。なぜなら，がん細胞には悪性度の弱いものから強いものまで様々な段階のものがあるからで，通常，がん細胞になったばかりの細胞は悪性度が低く，遺伝子の変異などが蓄積していくことで，徐々に悪性度が高くなっていくと考えられている。

　悪性度に関係なくがん細胞の共通の特徴としてまず第一に挙げられるのは，正常な細胞が個体のコントロールを受けて**細胞周期**が制御されているのに対して，その制御から逸脱し，独立して細胞周期を進行させてしまう（増殖する）ことであろう。これには様々な要因があり，通常なら効いているはずの細胞周期抑制機構が効かなくなっていること，自ら**増殖因子**を作り出して勝手に増殖することなどが挙げられる。いわば無制限に増殖することが，がん細胞の共通の特徴であり，それと関連してがん細胞は，全体的な大きさが正常細胞よりも小さくなる傾向が強いといえる。

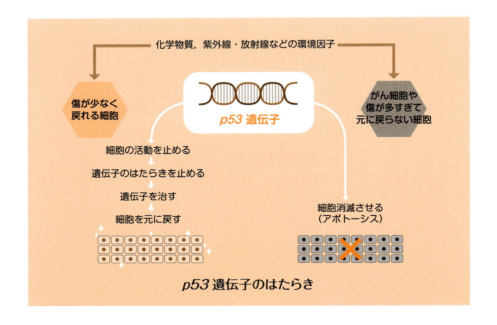

p53遺伝子のはたらき

通常，細胞には何らかの遺伝子異常があると，それを感知してがん細胞に変化する前に自らを死に至らしめる**アポトーシス**（**プログラム細胞死**とも呼ばれる）を引き起こすしくみが存在する。*p53* **遺伝子**は「ゲノムの守護神」と呼ばれ，DNAに修復しきれないほどの異常が生じると，細胞のアポトーシスを誘導することにより細胞のがん化を抑制しているとされるが，こうした遺伝子に異常が生じるとアポトーシスが起こらず，細胞ががん化する。したがって「アポトーシスの回避」も，がん細胞に共通の特徴であるといえる。

　悪性度が進むと，がん細胞は**血管新生**を引き起こす**血管内皮増殖因子**を産生するようになる。これは，がんが次第に大きくなると内部の細胞に酸素や栄養が行き渡らなくなるため，それを回避するために血管をがん内部まで引き寄せる必要が生じるからと考えられる。

　さらに，悪性度が高くなったがん細胞は，周囲の組織に**浸潤**するための因子を作り出すようになり，さらにもともと生じた場所（原発巣）から，リンパや血流などに乗って遠くの臓器に移動し，そこで新たながん細胞の塊（転移巣）を作る（**転移**）ために必要な因子を作り出すようになる。

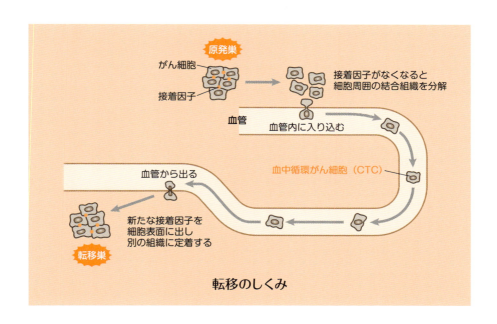

転移のしくみ

第5章　細胞と病気

5-4 細胞と疾患の関係

鎌状赤血球症

鎌状赤血球症は，最もよく知られた遺伝病の1つであると同時に，突然変異とその結果としてのタンパク質の変性が，病気の原因と絡めて極めてわかりやすい例であるため，タンパク質の機能におけるアミノ酸の重要性を講義する際の実例としてよく用いられる。

赤血球は，血液細胞の1つであり，また体内に最も大量に存在する細胞の1つであるが，その細胞内には細胞核は存在しない。その細胞質には，**ヘモグロビン**と呼ばれる，タンパク質と**ヘム**と呼ばれる鉄原子を含む錯体分子の複合体が充満しており，この鉄原子に酸素分子が結合することで，ヘモグロビンは酸素を輸送することができる。

鎌状赤血球症の原因遺伝子は，ヘモグロビンを構成する**グロビンβ鎖**と呼ばれるタンパク質の遺伝子であり，塩基が1個だけ置換することによるコドンの変化と，それに伴うアミノ酸の変化が生じている。具体的にいうと，N末端から数えて7番目のアミノ酸が，正常なグロビンβ鎖はグルタミン酸であるところ，バリンに変化してしまっている。

グルタミン酸は親水性アミノ酸であるが，バリンは疎水性アミノ酸であるため，親水性が疎水性に変化することによりグロビンβ鎖の形が大きく変化してしまい，疎水性部分が大きく露出してしまっている。その結果，グロビンβ鎖の疎水性部分同士がお互いに結合してしまい，2個のグロビンβ鎖と2個のグロビンα鎖から成るヘモグロビン分子は，グロビンβ鎖の疎水結合を介して，細長く鎖のようにつながってしまう。

細胞内のヘモグロビンが鎖状に長くつながってしまうと，その細胞，すなわちヘモグロビンを大量に細胞内に保有する赤血球自体の形も変化して，通常は円形で柔軟性の

130　ヤミツキ 細胞生物学

高い構造を有している赤血球が，鎌状に曲がり，柔軟性を失ってしまうため，酸素の運搬機能にも重大な影響が出るのである。

鎌状赤血球症は，骨が壊死したり，細菌感染，激痛の発作，脳卒中など，多くの症状を引き起こす難病なんだ。

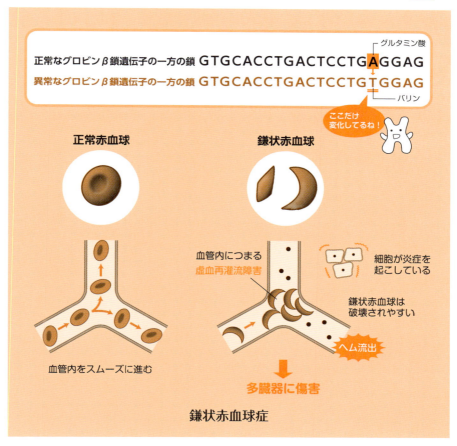

感染症

私たちは一生のうちで様々な病気にかかるが，生物の基本単位である細胞の営み，

[第5章] 細胞と病気　131

遺伝子のはたらきを知ることで，病気がなぜ発生するのかを理解することができる。とりわけ，他の生物（特に微生物）が私たちの体に入り込む，すなわち感染することで引き起こされる病気**感染症**は，細胞レベルの現象に起因するともいえる。

最も一般的な**病原性微生物**は，単細胞生物であり原核生物である**細菌**であるが，ほかにもカビなどの真菌，マラリアなどの原虫，フィラリアなどの蠕虫も病原性微生物に含まれる。**ウイルス**は生物には含まれないが，私たちの細胞に感染して病気を引き起こすので，病原性微生物の一種であるといえる。これらの病原性微生物は，感染した個数が少なかったり，免疫系が正常にはたらいていれば，見て明らかにわかる病的症状をもたらすことはないが，一度に多くの微生物に感染したり免疫系が弱くなっていたりすると，様々な症状を引き起こす。

たとえばコレラをもたらすコレラ菌は，小腸の粘膜上で増殖し，強烈な下痢を引き起こすコレラ毒素を分泌する。ジフテリアは，ジフテリア毒素遺伝子をもつバクテリオファージが感染したジフテリア菌がジフテリア毒素を出し，咽頭の上皮細胞などに傷害を起こす。ジフテリアは，北里柴三郎とベーリングによる血清療法の開発で，予防が可能な病気となったことでも知られる。志賀潔によって発見された赤痢菌は，強力な病原性微生物で，わずか10個程度の細菌が感染しただけで赤痢を引き起こすことがある。

現在では，黄色ブドウ球菌による化膿性炎症，化膿性連鎖球菌による産褥敗血症や猩紅熱，B型連鎖球菌による髄膜炎，百日咳菌による百日咳，**病原性大腸菌**による腸管病原性細菌感染症などがよく見られる。

かぜ（**普通感冒**）は，そのほとんどがウイルスの感染によるもので，ライノウイルスなどのRNAウイルスがその原因である。イギリスのジェンナーによって始められたワクチンは，天然痘ウイルスによる感染症である天然痘の予防法として広く普及したことはよく知られている。このほかにも，流行性下痢症を引き起こすノロウイルス（ノーウォークウイルス），流行性耳下腺炎（おたふくかぜ）を引き起こすムンプスウイルス，帯状疱疹をもたらす水痘・帯状疱疹ウイルスなど，多くのウイルスが感染症の原因として知られている。

> 細菌やウイルスだけじゃなく，マラリアやトリパノソーマ症など，真核単細胞生物である原生生物が感染することで起こる病気もあるよ。

分類	感染症	定義
一類感染症	エボラ出血熱, クリミア・コンゴ出血熱, 痘そう, 南米出血熱, ペスト, マールブルグ病, ラッサ熱 エボラ出血熱	感染力や罹患した場合の重篤性などに総合的な観点から見た危険性が極めて高い感染症
二類感染症	急性灰白髄炎, 結核, ジフテリア, 重症急性呼吸器症候群 (SARS), 中東呼吸器症候群 (MERS), 鳥インフルエンザ (H5N1/H7N9)	感染力や罹患した場合の重篤性などに総合的な観点から見た危険性が高い感染症
三類感染症	コレラ, 細菌性赤痢, 腸管出血性大腸菌感染症, 腸チフス, パラチフス コレラ	総合的な観点から見た危険性は高くないものの, 特定の職業に就業することにより感染症の集団発生を起こし得る感染症
四類感染症	E 型肝炎, A 型肝炎, ウエストナイル熱, 黄熱, Q 熱, 狂犬病, 炭疽, デング熱, 鳥インフルエンザ（鳥インフルエンザ (H5N1/H7N9) を除く), ボツリヌス症, マラリア, 野兎病, 等 E 型肝炎	ヒトからヒトへの感染はほとんどないが, 動物, 飲食物などを介してヒトに感染するおそれのある感染症
五類感染症	インフルエンザ（鳥インフルエンザ及び新型インフルエンザ等感染症を除く), ウイルス性肝炎 (E 型肝炎及び A 型肝炎を除く), クリプトスポリジウム症, 後天性免疫不全症候群, 性器クラミジア感染症, 梅毒, 麻しん, メチシリン耐性黄色ブドウ球菌感染症, 等 インフルエンザ	国が感染症発生動向調査を行い, 国民や医療関係者などに情報を提供・公開していくことによって, 発生・拡大を防止すべき感染症
新型インフルエンザ	新型インフルエンザ	新たにヒトからヒトに伝染する能力を有することとなったウイルスを病原体とするインフルエンザ
	再興型インフルエンザ	かつて世界的規模で流行したインフルエンザ
指定感染症	ー	既知の感染症の中で, 一～三類に準じた対応の必要が生じた感染症 政令で指定され, 1 年限定

感染症の種類

[第5章] 細胞と病気　133

インフルエンザ

　私たちが最も多く罹患する感染症の1つが，インフルエンザウイルスによって引き起こされる**インフルエンザ**であろう。毎年秋から冬にかけて流行するため「流行性感冒」，**季節性インフルエンザ**とも呼ばれる。

　インフルエンザウイルスは，1本鎖RNAをゲノムとして用いるRNAウイルスであり，A，B，Cの3つの型があるが，最もよく知られ，よく流行するのはA型インフルエンザウイルスである。

　A型インフルエンザウイルスには，その表面に存在する2種類のタンパク質**ヘマグルチニン**（HA）と**ノイラミニダーゼ**（NA）のアミノ酸配列により，様々な亜型が存在することが知られている。季節性インフルエンザではH1N1型（Aソ連型），H3N2型（A香港型）が有名だが，H5N1型など，いわゆる**高病原性インフルエンザウイルス**として知られるものもある。

　インフルエンザウイルスは，HAを利用して，細胞表面に存在する糖鎖の一部にあるシアル酸と結合し，細胞内に侵入する。そして細胞内で増殖し，成熟したウイルス粒子が多数放出される。このとき，細胞内で新たに合成されたHAは，その細胞内に存在するタンパク質分解酵素によって一部が切断される（開裂）。この切断が行われないと，そのHAを取り込んだウイルスは，次の細胞に感染することができない。H1N1やH3N2などの季節性インフルエンザウイルスが，基本的に呼吸器系の細胞にしか感染しないのは，そのHAの開裂のためのタンパク質分解酵素が，呼吸器系の細胞にしか存在しないためである。

　ところが，高病原性インフルエンザウイルスであるH5N1型のHAは，呼吸器系のみならず，全身の細胞に存在する別のタンパク質分解酵素によって開裂することができるため，このウイルスは全身の細胞に感染し，そこで増殖，さらにその近位の細胞に感染し続けることが可能となる。これが「高病原性」の主な理由であると考えられている。

　インフルエンザウイルスは，細胞内で増殖し，成熟すると，細胞表面から放出されるが，この放出時に使われるのがもう1つのタンパク質NAである。放出される際，インフル

134　ヤミツキ細胞生物学

エンザウイルスと細胞は，やはり HA とシアル酸の結合によって結びついているが，糖鎖からシアル酸を切り出すはたらきをするのが，この NA である。NA によりシアル酸が切り離された結果，インフルエンザウイルスは細胞から離れ，次の細胞を標的として感染することができるのである。

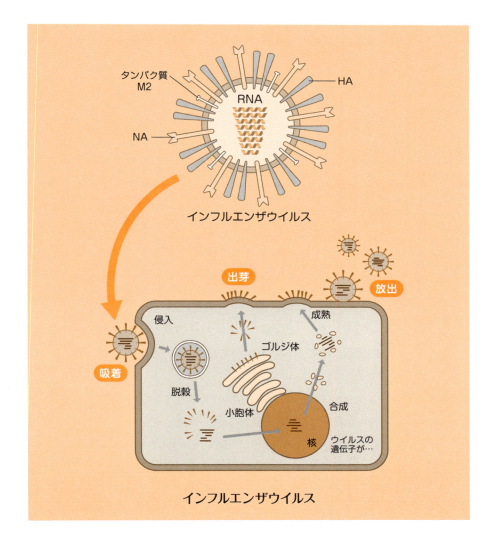

プリオン病

ヒツジでまず最初に発見された奇病**スクレイピー**は，後にウシで見つかった**狂牛病**（**ウシ海綿状脳症**），そしてヒトで見つかった**クロイツフェルト・ヤコブ病**と原因を同じくすることが明らかとなっている。これらの病気，すなわち「伝達性海綿状脳症」の特徴は，脳神経細胞が変性し，脳が海綿のようにスカスカ状態となり，様々な特徴的行動，たとえばウシ海綿状脳症の場合，痙攣，過敏反応，正常に立っていられず不規則に運動を繰り返すなどの症状を有するようになり，クロイツフェルト・ヤコブ病の場合も歩行障害，認知症などが見られるようになる点である。

この伝達性海綿状脳症の原因は，神経細胞ではたらく**プリオンタンパク質**が異常な構造を呈するようになることであると考えられている。プリオンタンパク質は，細胞膜上に存在するタンパク質であることが明らかになっているが，その機能はまだ明らかではない。このプリオンタンパク質は，正常な状態では何ら悪さをすることはないが，いったん異常型プリオンタンパク質が生じると，異常型と接触することで正常型が異常型に変化し，さらに別の正常型を異常型へ変化させるというふうに，次々に異常型を「増やす」のではないかと考えられている。「伝達性」というのは，異常型のこのような特徴を示しているといえる。この異常型プリオンタンパク質が神経細胞内で「増殖」すると，神経細胞内に不溶性のアミロイド線維が形成され，神経細胞が死んでしまうと考えられる。こうしたことから，伝達性海綿状脳症を，別名**プリオン病**ともいう。

興味深いのは，こうした場合，正常型プリオンタンパク質も異常型プリオンタンパク質も，そのアミノ酸配列には違いがないということである。同じアミノ酸配列にもかかわらず，三次構造が異なるのである。

この異常型プリオンタンパク質は，プロテアーゼに耐性をもつことから，異常型プリオンタンパク質を含む食材（ウシ海綿状脳症にかかったウシの脳神経を含む部位など）を食べることにより，クロイツフェルト・ヤコブ病に罹患すると考えられている。こうしたウシの部位は「特定危険部位」と呼ばれており，日本では頭部（ただし舌と頬肉は除く），脊髄，回腸遠位部が指定されている。

第5章 細胞と病気

5-5 生活習慣病と細胞

糖尿病

　現代の，とりわけ先進国における病気の多くにかかわっているものが生活習慣であり，それが主な原因として生じる病気が**生活習慣病**である。

　糖尿病は生活習慣病の中でも患者数が多い病気であり，血液中のグルコース（**血糖**）の細胞への取り込みを促進して血糖値を下げるはたらきのあるペプチドホルモンの一種**インスリン**が，何らかの原因でうまく作用せず，慢性的に血糖値が一定の基準を超えている状態になった病気である。

　インスリンは，膵臓**ランゲルハンス島**※の **B 細胞**（β細胞）から分泌され，血液中を流れて各臓器等の細胞に到達する。とりわけ血糖値に影響するのは，脂肪細胞や筋細胞に対するインスリンの作用である。これらの細胞の細胞膜上に存在するインスリ

※ 膵臓の内部に散在している内分泌を営む細胞群。発見者の名に因んで名づけられた。

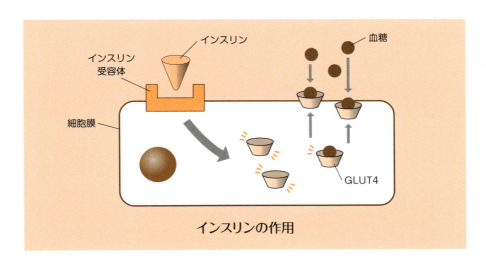

インスリンの作用

ン受容体にインスリンが結合すると，受容体がもつチロシンキナーゼ活性が活性化し，最終的に細胞膜表面に，グルコースを血液中から細胞内へ取り込む**グルコーストランスポーター**（**GLUT**）のうち「GLUT4」という種類のタンパク質が発現する。このタンパク質が，血液中のグルコースの細胞内への取り込みを行う。

インスリンがうまく作用しない要因として，インスリンそのものが B 細胞から分泌されなくなること，インスリンを受け取る側，すなわち臓器などにおけるインスリンに対する感受性が低下すること，が主なものとして挙げられるが，そうなってしまう原因はじつに多様である。

糖尿病は，1 型糖尿病と 2 型糖尿病に大きく分けられる。

1 型糖尿病は，全糖尿病のうち 1 割程度を占めるもので，B 細胞が何らかの原因で破壊され，インスリンが欠乏することにより発症する。小児期から発症することが多く，多くの場合，ランゲルハンス島に対する自己抗体が見られることから，自己免疫疾患の 1 つであるともいえる。絶対的にインスリンが不足するため，定期的にインスリンを注射する必要がある。したがって，1 型糖尿病は生活習慣が原因で発症するものではない。

2 型糖尿病は，全糖尿病のうち 9 割を占め，生活習慣，とりわけ肥満，運動不足などに起因する場合が多いと考えられている。また，2 型糖尿病への罹患のしやすさに，遺伝的要因がかかわっていることも明らかとなっているが，その詳細は完全に解明されているわけではない。2 型糖尿病の治療は，基本的に食事療法と運動療法であるが，必要があれば，インスリン注射などを行う場合もある。

肥満

肥満（肥満症）は，皮下脂肪や内臓脂肪など，体脂肪が増加している状態を指し，基本的には，消費エネルギーを供給エネルギーが上回ることにより，余分のエネルギーが脂肪に転換され，皮下組織や内臓などに貯蔵され，蓄積されることにより生じる。

肥満には，栄養過多と運動不足，すなわち生活習慣に起因する**本態性肥満**と，内分泌疾患や先天異常などに起因する**二次性**（**症候性**）**肥満**がある。

肥満の生物学的背景は，皮下脂肪組織や内臓脂肪組織を構成する，主に**中性脂肪**を細胞質内に蓄積する**脂肪細胞**の振舞いにある。本態性肥満では，栄養過多と運動不足により，脂肪細胞内に貯蔵される脂肪の量が増え，脂肪細胞が大きく肥大する。

　脂肪細胞が大きく肥大化すると，その細胞膜に変化が生じ，GLUTタンパク質がグルコースを取り込むしくみが低下することが知られている。その結果，インスリンに対する感受性に影響し，多くの場合，インスリン感受性が低くなる（インスリン抵抗性が生じる）と考えられている。

　また，肥大化した脂肪細胞が，周囲に存在する前駆脂肪細胞の脂肪細胞への分化を惹起するとともに，肥大化した脂肪細胞自身が細胞分裂を起こすことにより，全体的な脂肪細胞の数も増えることになる。すなわち，脂肪細胞の肥大化とその数の増加が相まって，慢性的な肥満状態を引き起こすといえる。

　脂肪細胞は，**レプチン**と呼ばれるペプチドホルモンを合成し，放出する。このホルモンは，視床下部に存在するレプチン受容体と結合し，食欲中枢を刺激することで食欲ならびに摂食を抑制するとともに，エネルギー消費の増加作用をもつ。肥大化した肥満細胞は，レプチン分泌が低下することが知られており，このレプチン分泌低下もまた，肥満の要因の1つとなっているといえる。また，レプチン遺伝子そのものに異常があると，遺伝性肥満に陥ることが知られており，さらにレプチン受容体遺伝子の異常もまた，著しい肥満をもたらすことが明らかとなっている。

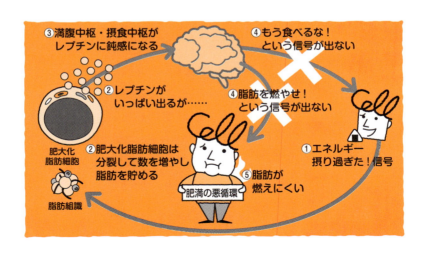

[第5章] 細胞と病気

動脈硬化

動脈硬化は，動脈の壁が何らかの原因によって厚く変形し，その結果，血管の弾力性が低下し，動脈の血管内腔の狭小化（狭くなること）が進行した状態である。この状態がさらに進むと，動脈内腔の狭窄，閉塞を引き起こし，**心筋梗塞**，**脳梗塞**などの発症リスクが非常に高まることが知られている。

その原因は多岐にわたる。生活習慣を主原因とする肥満，糖尿病，高血圧，そして脂質異常症や加齢など，様々な要因が重なって，動脈硬化が引き起こされると考えられている。

動脈硬化にも様々なタイプがあるが，特に多く，かつよく知られているのが**アテローム性動脈硬化**と呼ばれるものである。これは，酸化した **LDL コレステロール**が動脈の壁に沈着することで，粥のようにどろどろした（アテローム性の）「プラーク」と呼ばれる異形の物体が形成されるもので，動脈の血管内腔の狭窄が起こる。この"どろどろ"，すなわちプラークは，「繊維性炎症性脂肪斑」とも呼ばれ，その実体は，繊維状の結合組織やもともと血管の筋層を形作っていた平滑筋細胞，マクロファージやリンパ球，そして脂質が混ざったものである。

プラークの発生とその増大は，基本的には徐々に進展するものであるが，血管の閉塞にまで至ると，急性の病変となり，脳梗塞や心筋梗塞を引き起こす。その発生機序はまだ不明な点が多いが，最もよく考えられているのは次のようなものである。

アテローム性動脈硬化には**好発部位**が存在し，何らかの原因で血管内皮細胞の機能が障害されるような事態が生じると，その外側にある平滑筋細胞が偏り，集積されることがある。こうした"ちょっとおかしな部分"には，比較的脂質が沈着しやすくなる。さらに生活習慣に起因する**高脂血症**が重なると，酸化 LDL による細胞傷害が引き起こされ，**マクロファージ**などの免疫細胞の浸潤が促される。マクロファージは脂質を捕食し，血管内皮細胞間を遊走して脂質を蓄積していく。さらにマクロファージが放出する増殖因子が平滑筋細胞を増殖させ，プラークが徐々に増大していく。

> 高血圧，高脂血症，喫煙は特に動脈硬化の３大危険因子ともいわれているよ。

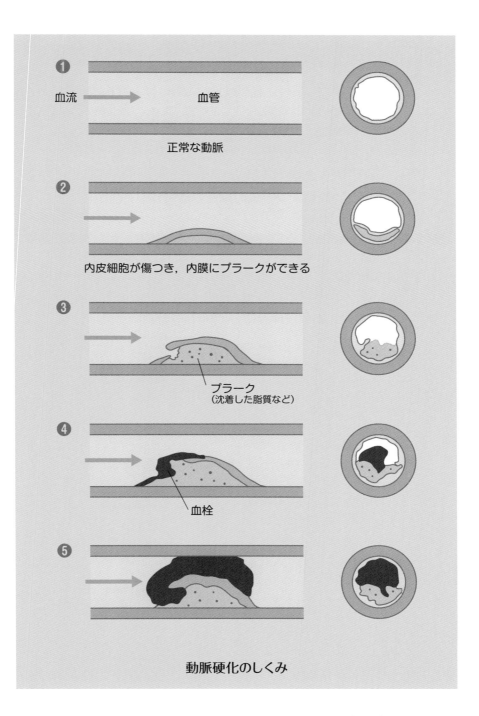

[第5章] 細胞と病気 141

Column 「その他の生活習慣病」

　高血圧・脂質異常症・糖尿病・肥満は「死の四重奏」といわれる。それらによって引き起こされる疾患には動脈硬化，心筋梗塞，狭心症・不整脈，アルコール性肝障害，胃潰瘍・十二指腸潰瘍，胆石症，歯周病，痛風，骨粗鬆症などがある。

　生活習慣病を発症するほとんどの人はこれら疾患の1つだけにとどまらず併発する。それぞれの疾患が，次にどのような病気になるリスクがあるのかを知り，病気の予防をすることが大事である。

◆ 健常時の生活習慣

- 不適切な食生活
  （高食塩・高脂肪・エネルギー過剰 など）
- 運動不足　・睡眠不足
- ストレス　・飲食・喫煙

一次予防
生活習慣の見直しなど

◆ 境界領域期

- 肥満　　　・高血糖
- 高血圧症　・脂肪異常 など

◆ 生活習慣病

- 肥満症　　・糖尿病
- 高血圧症　・高脂血症

　　↓

- 脳卒中（脳出血，脳梗塞）
- 心臓病　・骨折　・がん

二次予防
病気の早期発見
早期治療を行い
病気の進行を防ぐ

◆ 活動低下・要介護

- 半身麻酔　・認知症 など

三次予防
リハビリなどで
障害の進行を防止

生活習慣病の進行と予防

142　ヤミツキ 細胞生物学

第 6 章

細胞を取り巻く様々な話題

第6章 細胞を取り巻く様々な話題

6-1 細胞とは異なるもの〜ウイルス〜

ウイルスとは

　本書は細胞生物学に関する本であるから，これまでずっと「細胞」の構造と機能，そしてその中で行われている分子による様々な生命現象について話を展開してきたが，ここで，細胞とは違うが，細胞と密接に関係している**ウイルス**について話をしておこう。

　ウイルスは，核酸とタンパク質の殻（**カプシド**）から成る極めて小さな粒子で，細胞からできていないため生物とはみなされていないが，自己複製する核酸（遺伝子）をもち，生体物質であるタンパク質をもち，細胞内で自己増殖することから「限りなく生物に近い物質」，もしくは生物ではないが生命をもつ物質として単に「生命体」などと呼ばれることがある。

　基本的なウイルスの形は，上記のように核酸（DNA もしくは RNA）をカプシドが包み込んだもので，正二十面体構造を呈しているものが多い。ウイルスによってはその周囲を脂質二重層で取り囲んだものもおり，この脂質の膜を**エンベロープ**という。インフルエンザウイルスなどは，このエンベロープに細胞に吸着し，侵入するために必要なタンパク質を埋め込んでいる。

　ウイルスは，**宿主**となる細胞の中でなければ増殖することができない。なぜならウイルス自身は**リボソーム**をもたないため，細胞のリボソームを利用しなければ自身のタンパク質を合成できないからである。ウイルスは，細胞の表面に**吸着**すると，細胞によるファゴサイトーシス，エキソサイトーシスなどにより細胞内部に**侵入**し，自らのカプシドやエンベロープを分解して核酸を細胞質中に放出する（**脱殻**）。**DNAウイルス**の場合，DNA は細胞内の特定の場所

で複製するとともに，そのDNAを鋳型とした転写が起こり，細胞のリボソームによりウイルスタンパク質が大量に**合成**される。**RNAウイルス**の場合，RNAはそれ自らがmRNAとなるか，その相補的なRNAがmRNAとなるかして，やはり細胞のリボソームによりウイルスタンパク質が大量に合成され，RNA自身も大量に複製される。その後，大量に複製した核酸と，大量に合成されたカプシドタンパク質などが集合してウイルス粒子が**成熟**し，やがて細胞外へと**放出**される。このとき，宿主の細胞は死ぬ場合もあれば，死なない場合もある。

一部のRNAウイルス（レトロウイルス）では，感染後，RNAから逆転写によりDNAが合成され，宿主の細胞のゲノムの中に取り込まれ，一定期間後，そこから再びウイルスRNAが合成され，上記の過程を経て大量に放出される。

細胞に近付いたウイルス～巨大ウイルス～

2003年，フランスの研究者により，それまでにない巨大な粒子サイズをもったウイルスが発見された。**ミミウイルス**（*Acanthamoeba polyphaga mimivirus*）という名のウイルスである。

それまでのウイルスは，大きくてもせいぜい200ナノメートルから300ナノメートル程度の粒子サイズをもっていたにすぎなかったが，ミミウイルスの粒子サイズは，カプ

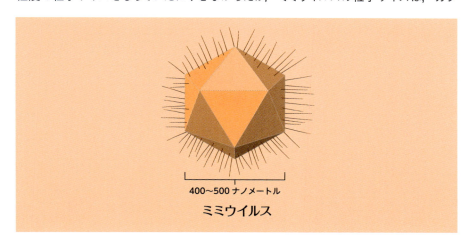

400～500ナノメートル

ミミウイルス

［第6章］細胞を取り巻く様々な話題　145

シドのサイズとしては 400 ナノメートルから 500 ナノメートルもあり，さらにカプシドの周囲には表面繊維と呼ばれる無数に生えた繊維の層があるため，それを含めるとゆうに 800 ナノメートルもの粒子サイズがある。これは，電子顕微鏡を使わなくても見ることができる大きさである。

さらにミミウイルスは，ゲノムサイズもそれまでのウイルスに比べて格段に大きく，ミミウイルス以前では，最大でも 60 万塩基対ほど（ボリドナウイルス科）であったゲノムサイズが，ミミウイルスにおいてウイルスとして初めて 100 万塩基対を超え，118 万塩基対ほどもあった。またミミウイルスは，**アミノアシル tRNA 合成酵素**遺伝子（4-4 も参照）を保有していることが明らかとなった初めてのウイルスである。その後，ミミウイルスの仲間のウイルスが世界中から数多く発見・分離され，今ではミミウイルス科と呼ばれる大きなウイルスグループを形成している。

2013 年には，正二十面体ではなく壺型の構造を呈した不思議な巨大ウイルス，**パンドラウイルス**が分離された。このウイルスはいびつな楕円形を呈しており，その長径はおよそ 1 μメートルほどもあり，ゲノムサイズもミミウイルスの 2 倍以上の 250 万塩基対もあることがわかった。2014 年には，さらに長径が大きく 1.5 μメートルもある**ピソウイルス**が，3 万年前の永久凍土の中から発見・分離された。

これらのほかにも，直径 200 ナノメートルほどとやや小ぶりなマルセイユウイルス科や，正二十面体構造を呈したファウストウイルス，そしてパンドラウイルスなどと同じような壺型構造を呈したモリウイルス，セドラトウイルスなど，様々な巨大ウイルスが発見・分離されてきた。2017 年には，アミノアシル tRNA 合成酵素を 19 種類ももち，翻訳システムがこれまでになく充実した巨大ウイルスクロスニューウイルスの存在が，メタゲノミクス解析から明らかになり，2018 年には同遺伝子を 20 種類もつ（20 種類すべてのアミノ酸に対応できる），前方後円墳型の「**トゥパンウイルス**」が発見された。

これらの巨大ウイルスの発見によって，ウイルスと細胞がより近くなったといえるかもね。

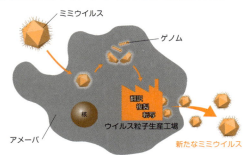

第6章　細胞を取り巻く様々な話題

6-2 細胞の起源

細胞核はどうしてできたか

　真核細胞の大きな特徴は，細胞内に細胞核，ミトコンドリア，葉緑体などの細胞小器官をもつことである。このうちミトコンドリアや葉緑体がどのように進化したのかについては**細胞内共生説**により説明できるが（2-5も参照），細胞核の進化については謎が多く，細胞内共生説のような定説は存在しない。

　好気性原核生物と嫌気性原核生物の共生によって細胞核ができたと考える研究者もいるが，多くの研究者は，核膜は細胞膜に由来すると考えている。正確にいうと，何らかのきっかけ（貪食作用の進化など）により細胞膜が細胞の内側に陥入し，**細胞内膜系**がまず進化した。その後，この細胞内膜系の一部がゲノムDNAを取り囲むようになり，核膜へと進化した，というのが有力な説である。しかしながら，どのようなきっかけによって「細胞内膜系の一部がゲノムDNAを取り囲む」ことになったのかについては議論の対象となっている。

　一部の研究者は，やがてミトコンドリアへと進化する好気性バクテリアが，イントロン・スプライシングシステム（2-5も参照）を宿主であるアーキア（古細菌）細胞にもたらした結果，スプライシングと翻訳の場を分ける必要性が生じ，ゲノムDNAを膜で取り囲んで前者の場（膜の内部）と後者の場（膜の外部）を分けることに成功した生物が生き残り，真核生物となったと考えている。

　筆者を含めて何人かの研究者は，巨大ウイルスなどの大型DNAウイルスが細胞核形成のきっかけとなったとする説を提唱している。昨今の巨大ウイルスの研究により，ミミウイルスなどがアカントアメーバ細胞質内に形成する**ウイルス工場**が，細胞核とよく似た特徴を有していること（DNAを取り囲んでいること，脂質二重層もしくはその成分が周囲に配置されていること，リボソームをその内部に含まないこと）が明らかとなっ

[第6章] 細胞を取り巻く様々な話題　147

ており，ウイルス工場と細胞核との進化的関連性が指摘されている。ただ，ウイルス工場が細胞核へと進化した決定的な証拠があるわけではなく，細胞核は宿主が自らのDNAをウイルスから守るために作り出したものであるとの説明もなされている。

　なお2017年1月には，バクテリアに感染するバクテリオファージの一種が，宿主であるバクテリアの細胞内に細胞核様構造を形成することが明らかとなった。

何をもって細胞ができたとみなすか

　ウイルスは細胞ではないが，じつは細胞の起源（地球上でどのようにして細胞が誕生したか）を探る"キーパーソン"ではないかと考えられている。

　細胞の起源を研究する上で重要なポイントは，「何をもって細胞ができたとみなすか」ということであるが，とりあえず，現在の細胞の中で最も単純なもの，たとえば原核生物の一種マイコプラズマのように，細胞膜，DNA，リボソームしかない（もちろんDNAの材料やタンパク質などはある）ものを想定し，それがどのようにして誕生したかを探る，というのが現実的であろう。細胞の起源を地球以外の宇宙に求める考え方もあるが，ここでは地球上で細胞が生まれたと仮定しよう。

　人工的に細胞（らしきもの）を合成することで，細胞の起源を探ろうとする試みがある。「人工的な細胞らしきもの」の例は，**リポソーム**と呼ばれる脂質二重層でできた袋の中にDNA（ヒトゲノムのように長大なものではなく，かなり短い），DNAの材料であるヌクレオチド，そしてDNAポリメラーゼを入れて，自律的にDNA複製を起こさせることに成功したもので，さらにそれがうまい具合に2つに分裂し，複製したDNAが均等に2つの袋に受け継がれる，というものである。DNAポリメラーゼはタンパク質であるから，その材料であるアミノ酸が必要で，さらにリボソームのようなタンパク質合成装置が必要である。その上，ヌクレオチドやアミノ酸など生体高分子の材料もまた，自ら代謝活動によって手に入れなければならない。

　このような自己複製・自己代謝を完結させる脂質二重層でできた袋は，果たしてどのようにすれば自発的に自ら作り上げることができるのか。一般的には，現在の地球でも深海底に存在する熱水噴出孔などのように，水と有機物，そして熱エネルギーが存

在すればこうした生物は誕生する可能性があると考えられている。氷で表層が覆われた土星の衛星エンセラダスの地下には，有機物を含んだ水（地下海）が存在し，地熱活動も行われているらしい。こうした条件では地球に生息するのと同じような生物（細胞）が誕生する可能性はあるが，だからといって，地球上に生きる細胞と同じものが生じるとは限らない。DNAの起源，RNAの起源，タンパク質の起源なども含めて世界中で多くの研究者が多くの仮説を提唱しているが，未だに「コレ！」といったものはない。

人工細胞を創る

　生物学者が抱える共通の夢，あるいは潜在的にそのような欲求をもっているといった方がよいのかもしれないが，そうしたものがある。そのうち最も多くの生物学者がもっているのは，自分で生命を創造してみたいという夢であろう。

　生命というのは漠然と言い方だが，平たくいえば生物，もしくはその最小単位である細胞を自分で作るというのは，意図とする，しないにかかわらず，おそらくは古来，生物学者の目的とするところであったように思う。すなわち「人工細胞」である。

　細胞とは何かを明らかにすると，どのようなものを創ればそれが人工細胞といえるかがわかる。その条件を挙げると，以下のようになるだろう。

　まず，細胞膜からできた袋（リポソーム）であること。さらにDNAをもち，それが自発的に複製されると同時に，きちんと2つに分配され，さらにそれぞれのDNAをもつ2つのリポソームに自発的に分裂できること。そしてそのリポソームの中で自律的な化学反応が起こり，DNAの材料や細胞膜の材料，DNAを複製する酵素などのタンパク質の材料を用意することができること。

　ただし，最も単純化したモデルを作り出そうとするならば，まずはDNAの複製を自律的に行い，かつその材料を外部から取り込み（私たちが食事をするように），分裂して複製DNAを分配し，さらに次の世代でも同じ現象を再現できる，そのようなものを作り出す必要があるだろう。

　2015年に神奈川大学の菅原正らが作り出したシステムは，まさにこのようなものである。彼らは，人工的に作ったベシクル（リポソームの一種）の表面電位をコントロー

［第6章］細胞を取り巻く様々な話題　149

ルすることで，ベシクル同士の融合ならびに物質の輸送（エサの取り込み）を可能にした上で，人工的に温度をコントロールすることでDNAがDNAポリメラーゼにより複製され，2つのベシクルに分配される系（2011年に構築済み）と融合させた。そうして，DNAを複製し，それを分配するとともに自らを分裂させ，エサを取り込んでさらに次の複製，分裂を可能にする"人工細胞"系を作り出したのである。

　この"人工細胞"が生物の仲間入りを真の意味で果たしたわけではないが，もしこれが，自発的なダイナミズムをもって複製，分裂を繰り返し，環境に対して何らかの応答をしながら進化するような系を可能にするならば，"生命の創造"に一歩近づくかもしれない。

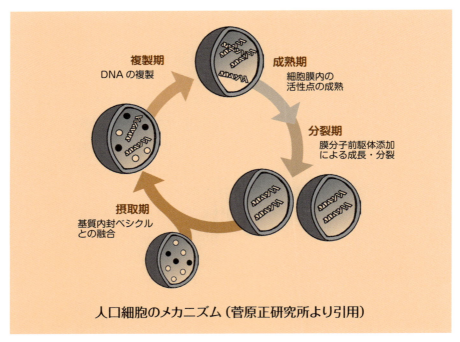

人口細胞のメカニズム（菅原正研究所より引用）

第6章　細胞を取り巻く様々な話題

6-3 万能細胞と医療

万能性を有する細胞

　細胞がどのような細胞に変化（**分化**）することができるのかを指標にすると，おそらくほとんどの**体細胞**には，そのような能力はない。なぜなら，体細胞はすでに分化し終わった細胞だからである。そうすると，思考実験として発生の過程を遡っていく，すなわち細胞の分化を逆にたどっていくと，細胞は徐々に，様々な細胞へと分化する可能性を有するようになるといえる。複数の種類の細胞に分化できる能力を**多能性**といい，体を構成するすべての種類の細胞に分化できる能力を**万能性**という。初期胚の細胞のうち，特に**内部細胞塊**に由来する細胞（将来胎児の全細胞を形成する細胞）は「万能性」を有する細胞であるから，こういう細胞を「万能細胞」ということもできる。なお，**全能性**という言葉もあるが，これは胎児の細胞のみならず，胎盤の組織をも形成できる能力を指し，受精卵がこれに含まれるといえる。

　一般的にいわれている**万能細胞**とは，人工的に作り出された万能性（多能性）を有する細胞のことを指し，現在，主なものとして **ES 細胞**と **iPS 細胞**が知られている。

ES 細胞とは

　万能細胞は，その細胞からあらゆる人体組織，人体器官を作り出し，**再生医療**に供するとともに，**オーダーメイド医療**にかかわる基礎研究，応用研究を行うために人工的に作り出される細胞である。すなわち，その細胞を利用することで，それぞれの場面や患者の遺伝的背景に合った組織，器官を形成することができる。

　ES 細胞は，1981 年にケンブリッジ大学の生物学者マーティン・エバンズらによっ

［第6章］細胞を取り巻く様々な話題　151

て初めて作り出された万能細胞で，その名（ES cell：embryonic stem cell）の由来の通り，初期胚のうち**胚盤胞**と呼ばれる時期の内部細胞塊の細胞に由来する。ES細胞に関する知見はこれまで多く蓄積されてきており，その臨床応用にも期待が高まっている。ただ，内部細胞塊は，このまま発生を続けていけば，きちんとした胚に成長するため，ヒトのES細胞の作出にあたっては，将来きちんとした胚（すなわち一人の人間）になるはずの細胞を"犠牲"にして万能細胞を作るという倫理的な問題が常について回る。

この，ES細胞について回っていた倫理的な問題を解決したのが，次に紹介するiPS細胞になるよ。

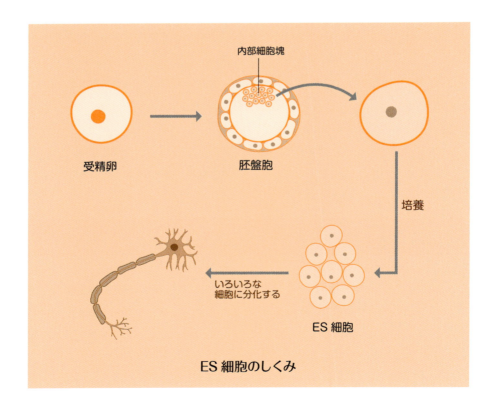

ES細胞のしくみ

iPS 細胞と再生医療

　iPS 細胞（induced pluripotent stem cell）は，2006 年，京都大学の山中伸弥の研究グループによって作られた万能細胞である。当初マウスで作られ，翌 2007 年にヒト成人の線維芽細胞を利用して，iPS 細胞が作られた。このときは，線維芽細胞に 4 種類の遺伝子が導入された結果，線維芽細胞が iPS 細胞に変化したため，この 4 種類の遺伝子は**山中因子**と称された。最初の論文発表の頃は，iPS 細胞の作製効率は非常に悪かったが，現在では，山中因子を導入することなく iPS 細胞を効率よく作る方法などの研究が行われており，作製効率も大幅に改善している。

　iPS 細胞は，ES 細胞と同様に，ほとんどすべての組織に分化する能力をもつとされ，しかも成人の体細胞（内部細胞塊のように，将来一人の人間を形成することはない細胞）を使って作ることができることから，ES 細胞に存在する倫理的問題は存在しないといえる。一方において，iPS 細胞（ならびにそこから作られる細胞）は通常の体細胞に比べて発がんのリスクが高いことも示唆されており，そのリスクの軽減が iPS 細胞の最大の課題であると考えられる。

　iPS 細胞は，理論上すべての体細胞，すべての組織を形成することができると考えられているため，失われた組織や臓器を，その患者自身の体細胞から作製した iPS 細胞から作ることが目的の 1 つでもあるが，2018 年現在もなお，人工的な細胞の塊を三次元的に再構築する技術が未発達であるため，臓器そのものの再生にはまだ成功していない。

　一方において，iPS 細胞の応用は，こうした再生目的の利用よりもむしろ，患者の体細胞に由来する iPS 細胞を作り，そこから実験的に体細胞を作り出して，その患者だけに適用できる治療法の模索をするための"実験動物"としての役割を担わせることにその目的の 1 つがあるともいえる。その患者の遺伝的バックグラウンドが病態やその治療にキーファクターとなっているような病気（神経変性疾患，生活習慣病，がんなど）において，iPS 細胞は威力を発揮することになるだろう。

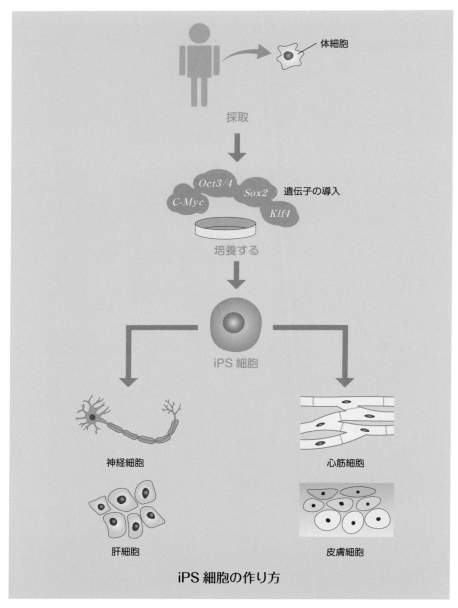

iPS 細胞の作り方

iPS 細胞が活用されるようになれば，その多分化能を利用していろいろな細胞を作ることができるから，多くの病気や怪我の治療に生かせるね！

索引

ADP	16
ATP	16,45
ATP合成	15
DNA	28,86,88,97,120
DNAポリメラーゼ	97,122
ES細胞	25,151
iPS細胞	25,26,153,154
mRNA	40,90,108,109
miRNA	91,108,109
*P53*遺伝子	129
pri-miRNA	108
RNA	86,88,90
RNAウイルス	145
RNAポリメラーゼ	42,91,97
RNAプライマー	97
rRNA	40,90
tRNA	90,104

アーキア（古細菌）	18,28
アーケプラスチダ	19
アクアポリン	39
アクチベーター	106
アクチンフィラメント	34,115
アセチル化	69
アセチルコリン	81
アデニン	88
アポトーシス	129
アミノ酸	91,92,103
アンチセンス鎖	101

アンテナペディア複合体	74
遺伝暗号	103
遺伝子	86
インスリン	137
インターロイキン	79
インフルエンザ	134
ウイルス	144
ウラシル	90
栄養膜合胞体層	76
栄養膜細胞層	76
エーテル結合	29
エキソサイトーシス	37,111
液胞	53
エステル結合	29
エピジェネティクス	69
塩基除去修復	122
塩基対	123
塩基配列	88
エンドサイトーシス	37
エンドソーム	51
エンハンサー	106
エンハンスソーム	106
エンベロープ	144
オートクライン	79
オートファゴソーム	51
オートファジー	51,52
オオヒゲマワリ	60
オピストコンタ	19
オリゴ糖	96

界	19	グラム陰性細菌	28
外胚葉	71	グラム陽性細菌	28
核	17,40	グリコシド結合	96
核移行シグナル	110	クリステ	46
核小体	40,43	クロマチン	40,88
獲得免疫	83	群体	60
核分裂	63	血糖値	96
隔壁	64	ケラチン	115
核膜	40,44,93	原核細胞	17
核膜孔	40,44,93	原核生物	17
核マトリクス	43	原形質分離	53
核様体	29	減数分裂	65
核ラミナ	115	顕微鏡	20
活動電位	80	好気性細菌	45
滑面小胞体	48,49	抗原提示	83
鎌状赤血球症	130	校正機能	123
がん細胞	25,126～129	光リン酸化反応	47
感染症	132	五界説	58
キナーゼ	113	コドン	103,124
キネシン	116	ゴルジ体	30,50
逆転写	97,98	サイクリン	114
ギャップ遺伝子	73	サイクリン依存性タンパク質	
ギャップ結合	78	キナーゼ	113
巨大系統群	19	サイトカイン	78
筋小胞体	34	細胞核	30,40,41
筋原線維	34,35	細胞骨格	93,115
筋細胞	34,35	細胞質分裂	64
筋線維	34	細胞周期	67,112
グアニン	88	細胞小器官	29,30
クラスター	74	細胞分化	69,70
グラナ	47	細胞分裂	23

156 ヤミツキ 細胞生物学

細胞壁	28,30,53,54
細胞膜	28,30,36,37
軸索	80
シグナルペプチド	110
脂質	94,95
脂質二重層	28,30,37,95
ジスルフィド結合	110
自然免疫	83
シトシン	88
シナプス	80
シャトルタンパク質	43
収縮環	64
収縮胞	32
樹状突起	80
絨毛	76
受動輸送	39
小核	32
小腸上皮細胞	34
小胞体	30,48
小胞体移行シグナル	110
漿膜	76
植物細胞	30,31
食胞	51
真核細胞	17,30
真核生物	17,59
神経細胞	80,81
人工細胞	149
シンチジウム	76
スプライシングシステム	46
生活習慣病	137
生殖細胞	61

生体構成物質	15
生体高分子	15,86
生物学	22
セグメントポラリティ遺伝子	73
全割	67
染色体	63
センス鎖	101
セントラルドグマ	97,98
繊毛	32
相同染色体	65
相補性	88
ゾウリムシ	32
粗面小胞体	48,49,110
損傷乗り越え DNA ポリメラーゼ	121,124
第一分裂	66
大核	32
ダイサー	108
体細胞	61,151
体節	73
第二分裂	66
多細胞生物	19
単細胞生物	19,32
炭水化物	95
タンパク質	86,92,110,124
チミン	88
チミンダイマー	120
中間径フィラメント	115
中心体	30,63
中胚葉	71
チューブリン	115

腸内細菌	37	ノルアドレナリン	81
チラコイド	47	胚外中胚葉	75
デオキシリボース	88	バイソラックス複合体	74
デオキシリボヌクレオチド	88	胚盤胞	69
転写	42,91,97,101	胚盤葉	75
転写因子	106	胚葉	71
転写調節	106	バクテリア（細菌）	18,28,29
動原体	63	パラクライン	79
糖鎖付加	111	盤割	67
糖質	87,95	半透膜	38
糖タンパク質	87	万能細胞	151
動物細胞	30,31	ビコイド遺伝子	72
動脈硬化	140	ヒストン	40,42,88,101
突然変異	118,123	微絨毛	34
トポイソメラーゼ	43	微小管	115
ドメイン	18	肥満	138,139
ドローシャ	108	表割	67
貪食作用	36,37	ファゴソーム	51
内胚葉	71	フォールディング	48,110
内部細胞塊	69,75	複製	97
内分泌	78	複製エラー	113,121,123
二価染色体	66	複製スリップ	124
二重らせん構造	88	部分割	67
尿漿膜	76	フラジェリン	29
尿膜	76	プラスモデスム	78
ヌクレオソーム	42	プリオン病	136
ヌクレオチド除去修復	122	フレームシフト変異	125
ヌクレオフォスミン	43	プロモーター	101,106
ヌクレオリン	43	分化	19
能動輸送	38,39	分節遺伝子	73
乗換え	66	分泌小胞	111

ヘアピン構造	108	ミミウイルス	145
ペアルール遺伝子	73	メチル化	69
ヘテロクロマチン	42	メディエーター	106
ペプチドグリカン	28	免疫系	83
ペプチド結合	91	モルフォゲン	73
ペプチド転移反応	48	ユーカリア（真核生物）	18
鞭毛	29	ユークロマチン	42
紡錘糸	63	ユーバクテリア（真正細菌）	28
紡錘体	63	羊膜	75
ホスホジエステル結合	88	羊膜腔	75
ホメオティック遺伝子	74	葉緑体	30,47
ホメオドメイン	74	卵黄嚢	75
ポリペプチド	92	卵割	67
翻訳	91,97,103,104	リスク	108
マイクロフィラメント	115	リソソーム	51
膜電位	80	リボース	90
ミオシンフィラメント	34	リボソーム	28,30,48,91
ミスマッチ塩基対	113,121	リン酸	88
ミスマッチ修復機構	121	リン脂質	37,87,95
ミトコンドリア	30,45		

ヤミツキ　細胞生物学

定価　本体1,800円（税別）

平成30年6月25日　発　行

著　者　　武村 政春

制　作　　株式会社 ビーコム

発行人　　武田 正一郎

発行所　　株式会社 じ ほ う

　　　　　101-8421　東京都千代田区神田猿楽町1-5-15（猿楽町SSビル）
　　　　　電話　編集　03-3233-6361　販売　03-3233-6333
　　　　　振替　00190-0-900481
　　　　　＜大阪支局＞
　　　　　541-0044　大阪市中央区伏見町2-1-1（三井住友銀行高麗橋ビル）
　　　　　電話　06-6231-7061

©2018　　　　　　　　　　　組版　（株）ビーコム　　印刷　音羽印刷(株)
Printed in Japan

本書の複写にかかる複製，上映，譲渡，公衆送信（送信可能化を含む）の各権利は
株式会社じほうが管理の委託を受けています。

JCOPY ＜(社)出版者著作権管理機構 委託出版物＞
本書の無断複写は著作権法上での例外を除き禁じられています。
複写される場合は，そのつど事前に，(社)出版者著作権管理機構（電話 03-3513-6969,
FAX 03-3513-6979, e-mail：info@jcopy.or.jp）の許諾を得てください。

万一落丁，乱丁の場合は，お取替えいたします。
ISBN 978-4-8407-5064-6